En suspensión: espacios interrumpidos

Puente editores
Barcelona, España
info@puenteeditores.com
www.puenteeditores.com

En suspensión: espacios interrumpidos

Isaac Marrero Guillamón

PUENTE EDITORES

Revisión del texto: Diego Galar Irurre

Printed in Spain
ISBN: 979-13-990143-5-8
Depósito legal: B 14107-2025
Impresión: gráficas94 sl

Índice

Introducción

¿Cómo existe aquello que no acaba de existir, que ha quedado suspendido entre el abandono y la finalización? ¿Qué prácticas e historias convocan los espacios dejados a medias, ni del todo funcionales ni olvidados del todo? ¿Qué podemos aprender de aquellos proyectos que permanecen inacabados, pero cuya presencia se manifiesta insistente? ¿Qué nos enseña la interrupción de la secuencia planificación-construcción-inauguración sobre los procesos de producción del espacio? Tales son algunas de las preguntas de las que parte este texto. La hipótesis que lo guía: que la suspensión no es ni un estado negativo, caracterizado por el fracaso de lo planeado, ni una "fase" anterior a la finalización. La abordaré, por el contrario, como un "modo de existencia"[1] con sus características propias, como una condición de incertidumbre asociada a formas específicas de materialidad, temporalidad y vida social. Para ello me propondré, parafraseando a Donna Haraway, "seguir con el problema" de la suspensión,[2] es decir, atender a las formas en las que se manifiesta sin tratar de resolverlas, sublimarlas o soslayarlas: prestaré atención a las múltiples y parciales materializaciones de una serie de espacios suspendidos, estudiaré cómo estos despliegan temporalidades varias y específicas, rastrearé las formas en las que su dilación indefinida deviene ámbito de apropiaciones y reapropiaciones, de producción de valor e interrupción de la misma.

¿De qué hablamos cuando hablamos de suspensión? En su sentido más general, suspensión denota un intervalo o pausa temporal: una interrupción, postergación o retraso. También puede referirse a una anulación, cancelación o procedimiento de inhabilitación. En un sentido más físico, indica el hecho de colgar del aire o incluso de levitar sobre la superficie (en arquitectura e ingeniería la suspensión es una técnica de sostenimiento basada en la redistribución de las fuerzas). Pero la suspensión es polisémica; sus múltiples significados remiten también a estados de embelesamiento, asombro o éxtasis religioso; a la prolongación de una nota musical con efectos disonantes, a la ausencia de mezcla entre fluidos o a sistemas de amortiguación. De esta semántica expansiva me interesa sobre todo retener el sentido de espera y tensión no resuelta. Tanto a nivel espacial como temporal, la suspensión apunta a algo pendiente, inconcluso, pero no por ello inadecuado. Dice Anne McCarthy:

> Pensar la suspensión como suspensión significa entenderla más allá de la privación, como constitutiva de lo que suspende. Podemos pensar la suspensión como aquello que sostiene/contiene, pero que lo hace manteniendo cierta holgura, permitiendo el movimiento y la arribada de lo inesperado.[3]

Esto último tiene especial relevancia para el distanciamiento que me gustaría ejercer con respecto a la asociación coloquial entre suspensión y parálisis. Como enseguida veremos, gran parte del interés que atribuyo a los espacios suspendidos tiene que ver con que constituyen entidades potenciales, contingentes, cuyo carácter incierto —entre la ruina y la obra inacabada— puede convertirse en una plataforma para la experimentación e invención de nuevos usos, significados, afectos o colectividades. La suspensión puede constituir un intervalo prometedor.

La suspensión también ha sido teorizada en el marco de la atención. Jonathan Crary, por ejemplo, describe el surgimiento histórico de las formas modernas de "prestar atención" (hoy en crisis, por otro lado) como un modo de concentración y absorción que requiere la suspensión de la percepción cotidiana.[4] En una línea similar, en su estudio sobre poesía victoriana, McCarthy argumenta que la suspensión es un proceso activo de reconfiguración de la percepción:

> Más que una pausa entre otras, la suspensión combate la inercia e interrumpe los modos habituales de existencia. Como forma y como práctica —mental y física, temporal y espacial—, la suspensión llama nuestra atención sobre aquello que pone en suspenso.[5]

Otra teórica de la literatura victoriana, Elisha Cohn, vincula los momentos "líricos" en los que se suspende la narrativa con una sutil —y momentánea— alteración en las categorías de pensamiento, conocimiento y acción que organizan tanto el desarrollo de la trama como nuestra labor como lectores. La suspensión tendría, según Cohn, "una intensidad paradójicamente estática… vibrante en su absorbente inmovilidad".[6]

Aunque el ámbito de estudio que aquí nos ocupa poco tenga que ver con la literatura victoriana, intentaré prolongar la sensibilidad que McCarthy y Cohn movilizan en su apreciación de los efectos y cualidades de la suspensión. Al igual que esas pausas narrativas que describía Cohn, los espacios suspendidos podrían tener la capacidad de suspender nuestra percepción cotidiana del territorio y el paisaje. Me interesa particularmente ahondar en la posibilidad de que el espacio en suspensión nos permita detenernos a reevaluar las dinámicas más establecidas de producción y valorización del espacio, en la posibilidad de que la suspensión abra las puertas a una forma particular de atención espacial. El tipo de espacios que abordaré a continuación han sido frecuentemente reducidos a proyectos fallidos o abandonados, a muestras de incompetencia, corrupción o mala planificación. Lo más habitual es que su análisis se haya estructurado en torno a lo que no son o no lograron llegar a ser. Pero este es un enfoque que oculta el interés que pueden tener los efectos varios de la interrupción de la trayectoria esperada, así como el enorme despliegue de acciones y afectos que a menudo sostienen la entidad suspendida.

La perspectiva que aquí desarrollaré está muy influida por el trabajo del antropólogo Akhil Gupta en torno a la suspensión,[7] a su vez partícipe de una sensibilidad analítica cultivada en la antropología de la infraestructura,[8] especialmente aquella dedicada a proyectos no construidos e inacabados. Estos estudios han teorizado la temporalidad del aplazamiento y la interrupción, entendiéndola como plural y no lineal. En palabras de Ashley Carse y David Kneas, la antropología de la infraestructura inacabada "llama nuestra atención sobre cómo múltiples temporalidades pueden confluir en el momento en que planificadores, constructores, políticos, usuarios potenciales y contrincantes negocian entre ellos y con el proyecto".[9] En su estudio sobre un proyecto de extracción de gas no realizado en el ártico ruso, por ejemplo, Elana Rowe analiza las persistentes consecuencias de este "futuro archivado"[10] y concluye que las prácticas anticipatorias y las representaciones del futuro asociadas al proyecto generaron repercusiones duraderas en la manera de entender el desarrollo económico y el riesgo ambiental en la región, incluyendo afectos como la desilusión, el escepticismo o la nostalgia, así como procesos de empoderamiento. Esta tensión se puede apreciar también en el trabajo de Julian Kirchherr, Teerapong Pomun y Matthew J. Walton sobre la vida en un pueblo tailandés afectado por la futura construcción de una presa.[11] A la espera de que el proyecto se materializara y desplazara a sus habitantes, la cotidianeidad del pueblo estaba marcada por una amalgama de prácticas de especulación del suelo, inversiones públicas pospuestas, ansiedad generalizada y solidaridad fortalecida. Matthäus Rest,[12] por poner un último ejemplo en esta línea, estudió los efectos de la repetida postergación de un gran proyecto hidráulico en Katmandú, Nepal. Rest describe cómo el proyecto Melamchi estaba vinculado a la construcción de una poderosa nación hidroeléctrica ("la Suiza de Asia"), una promesa elusiva y que había resultado, además, en la desatención de las infraestructuras ya existentes (consideradas obsoletas), hasta el punto de generar una grave escasez de agua. Melamchi habría generado lo que Elizabeth Povinelli llama un "futuro anterior"[13] desde el que evaluar el presente: "Una vez estas infraestructuras hayan sido construidas, el sufrimiento por la falta de agua y electricidad habrá sido justificado". A esta visión institucional, Rest contrapone la vivencia de escasez por parte de la ciudadanía, y su efecto en términos de frustración con el Estado democrático e incluso de nostalgia del régimen autocrático anterior.

Desde el punto de vista de la antropología, por tanto, la suspensión de proyectos infraestructurales como estos produce toda una serie de prácticas anticipatorias y de afectos que los corporeízan y redistribuyen en una miríada de acciones. Estos estudios demuestran que, aun sin existir del todo, estas infraestructuras existen de varios modos: encarnando promesas, desatando especulaciones, generando frustraciones y alimentando activismos. Su temporalidad es múltiple y subjuntiva: se refiere a "lo que podría haber sido, quizás nunca fue y puede o no que sea",[14] a "lo que fuese, fuere y hubiere sido".[15] Una entidad suspendida es, así, una entidad que existe como posibilidad hipotética e indeterminada: su futuro es desconocido e incognoscible, pero no por ello menos material o experienciable.

De esta forma de concebir la interrupción y el truncamiento de grandes proyectos infraestructurales extraigo la conveniencia de aproximarnos al espacio suspendido desde una orientación pragmatista, es decir, interesada sobre todo por sus efectos. Se trata de poner el foco no tanto en su supuesto *ser*, sino en su *hacer*; de investigar qué diferencia hace que un espacio esté suspendido, tanto para él mismo como para aquello que lo rodea. Con este fin, trazaré un recorrido por una muestra de espacios suspendidos, cada uno de los cuales destapa un aspecto concreto vinculado a la suspensión: la anticipación en el caso de un monumento no realizado en Fuerteventura, la apropiación de dos obras a medias en Lahore e Iten, la apreciación de la arquitectura incompleta en Sicilia, la revalorización de grandes espacios suspendidos en Trípoli, Chipre y Bucarest, y la suspensión como lenguaje de desurbanización en la Costa Brava.

Notas

¹ Gupta, Akhil, "Suspension", *Theorizing the Contemporary, Cultural Anthropology*, 24 de septiembre de 2015, culanth.org/fieldsights/suspension.

² Haraway, Donna J., *Staying with the Trouble: Making Kin in the Chthulucene*, Duke University Press, Durham, 2016 (versión castellana: *Seguir con el problema: generar parentesco en el Chthuluceno*, Consonni, Bilbao, 2019).

³ McCarthy, Anne C., "Suspension", en Colebrook, Claire (ed.), *Jacques Derrida: Key Concepts*, Routledge, Nueva York, 2015, pág. 24.

⁴ Crary, Jonathan, *Suspensions of Perception: Attention, Spectacle, and Modern Culture*, The MIT Press, Cambridge (Mass.), 1999 (versión castellana: *Suspensiones de la percepción: atención, espectáculo y cultura moderna*, Akal, Madrid, 2008).

⁵ McCarthy, Anne C., *Awful Parenthesis: Suspension and the Sublime in Romantic and Victorian Poetry*, University of Toronto Press, Toronto, 2018, pág. 9.

⁶ Cohn, Elisha, *Still Life: Suspended Development in the Victorian Novel*, Oxford University Press, Nueva York, 2016, pág. 5.

⁷ Akhil Gupta, "The Future in Ruins: Thoughts on the Temporality of Infrastructure", en Anand, Nikhil; Gupta, Akhil y Appel, Hannah (eds.), *The Promise of Infrastructure*, Duke University Press, Durham, 2018, págs. 62-79.

⁸ Véase, por ejemplo, la compilación de Nikhil Anand, Akhil Gupta y Hannah Appel, *The Promise of Infrastructure*, *op. cit.*

⁹ Carse, Ashley y Kneas, David, "Unbuilt and Unfinished: The Temporalities of Infrastructure", *Environment and Society*, vol. 10, núm. 1, 2019, págs. 9-28, doi.org/10.3167/ares.2019.100102.

¹⁰ Rowe, Elana Wilson, "Promises, Promises: The Unbuilt Petroleum Environment in Murmansk", *Arctic Review on Law and Politics*, núm. 8, 2017, págs. 1-14, doi.org/10.23865/arctic.v8.504.

¹¹ Kirchherr, Julian; Pomun, Teerapong y Walton, Matthew J., "Mapping the Social Impacts of 'Damocles Projects': The Case of Thailand's (as Yet Unbuilt) Kaeng Suea Ten Dam", *Journal of International Development*, vol. 30, núm. 3, 2018, págs. 474-492, doi.org/10.1002/jid.3246.

¹² Rest, Matthäus, "Dreaming of Pipes: Kathmandu's Long-Delayed Melamchi Water Supply Project", *Environment and Planning C: Politics and Space*, vol. 37, núm. 7, 2019, págs. 1198-1216, doi.org/10.1177/2399654418794015.

[13] Povinelli, Elizabeth A., *Economies of Abandonment: Social Belonging and Endurance in Late Liberalism*, Duke University Press, Durham, 2011. En gramática esto se llama futuro perfecto del subjuntivo, "el pasado del futuro".

[14] Zeiderman, Austin, *Endangered City: The Politics of Security and Risk in Bogotá*, Duke University Press, Durham, 2016, pág. 171.

[15] Marrero Guillamón, Isaac, "Etnoespeculación: etnografía en modo subjuntivo", *Cadernos de Arte e Antropologia*, vol. 13, núm. 1, 2024, págs. 44-53.

Suspensión y anticipación

Mi interés por la suspensión tomó forma inicialmente en el contexto de una investigación etnográfica sobre la controversia en torno al monumento a la Tolerancia que Eduardo Chillida propuso realizar en la montaña de Tindaya en Fuerteventura, islas Canarias. La obra, presentada al público en 1995, consistía en insertar un gigantesco cubo (de aproximadamente cincuenta metros de lado) en el interior de dicha montaña, conectado al exterior mediante un túnel de entrada y dos "chimeneas" por las que entraría la luz del sol y de la luna. Cuando empecé la investigación me di cuenta de que, aunque veinte años más tarde el monumento no se había construido, tampoco se había abandonado; estaba, de hecho, muy presente en la isla. En algunos espacios expositivos, publicaciones o conferencias aparecía como promesa de futuro; en otras charlas, panfletos o manifestaciones, se lo definía como amenaza. Sin haber llegado a materializarse tal como Chillida había previsto, el monumento, sin duda, existía en forma de proyecciones, alusiones, simulaciones, análisis, cálculos, etc. Su presencia e impacto en el paisaje majorero se había anticipado, imaginado y modelado mucho antes de que las excavadoras hubieran tenido ocasión de entrar en la montaña.

Esta constatación etnográfica cobró una inesperada intensidad conceptual cuando descubrí un breve texto del antropólogo Akhil Gupta que invitaba a teorizar la suspensión no como una "fase temporal entre el comienzo de un proyecto y su (exitosa) finalización", sino como su "propia condición de ser".[1] Para Gupta, atender al fenómeno de la suspensión era una manera de examinar más precisamente la temporalidad de grandes proyectos infraestructurales, de abandonar la teleología que los acompaña y no dar por hecho que su destino lógico es la finalización y cualquier desviación de ella, un fracaso. La invitación de Gupta a abrir la caja negra de la suspensión, a descubrir en ella complejidades y relaciones que no caben en la narrativa de la planificación-ejecución-inauguración, orientó mi trabajo y alimentó el análisis que sigue.[2]

En 1993, el Gobierno de Canarias encargó al gabinete PRAC (Proyectos de Rehabilitación Ambiental de Canarias) la redacción de un Plan Especial de Protección para la Montaña de Tindaya, cuyo objetivo era regular los usos y ordenar legislativamente una montaña marcada por una problemática multiplicidad: Tindaya era, a un tiempo, espacio natural protegido, bien de interés cultural y recurso minero. Esta extraña situación se había ido construyendo durante la década de 1980 debido a la parcelación y solapamiento de regímenes jurídicos y capas administrativas de actuación. Por un lado, el descubrimiento en 1979 de cientos de grabados indígenas en la montaña había puesto en marcha un proceso de protección por parte del Ministerio de Cultura que derivó en declaración de la montaña como Monumento Histórico-Artístico (1983) y Bien de Interés Cultural (1985). Esto implicaba la elaboración de un plan de protección del yacimiento arqueológico, tarea que, sin embargo, no se puso en marcha hasta mucho más tarde. Por otro lado, en 1982 el Ministerio de Industria y Energía había concedido a la empresa Cabo Verde una licencia minera para la extracción de traquita en la montaña. Al año siguiente, y también en 1993, nuevos permisos serían concedidos a Cabo Verde y a la Cantería

Arucas. Paralelamente, en 1987 la montaña había sido declarada Paraje Natural de Interés Nacional (lo que más tarde se llamaría Monumento Natural) en el contexto de la Ley de Espacios Naturales aprobada por el Gobierno de Canarias, lo cual implicaba la elaboración de otro plan, en este caso de conservación, cuya tramitación también se demoraría décadas. Dicho de otro modo, Tindaya había pasado a ser una montaña simultáneamente protegida y explotada dentro del marco de la legalidad. La propia partición del Estado en parcelas de administración especializadas y estancas (Cultura, Energía, Naturaleza) había producido una montaña múltiple: divida entre dimensiones culturales, económicas y naturales, cada una de las cuales acarreaba su propio régimen legal.

Pero que la situación fuera técnicamente legal no significaba que no fuera anómala, de ahí que el Gobierno de Canarias encargara el Plan Especial de Protección a finales de 1993. El equipo del gabinete PRAC, liderado por José Miguel Alonso Fernández-Aceytuno, propuso precisamente una "estrategia integral" basada en la paralización de la actividad extractiva y la conservación y promoción del patrimonio natural y cultural de la montaña, de modo que se pusiera fin a su incómoda partición/multiplicidad. El Gobierno, sin embargo, alegó no tener capacidad económica para expropiar los derechos mineros e instó al equipo a buscar una estrategia de financiación alternativa. Fue entonces cuando PRAC ideó la posibilidad de una intervención en "clave artística" en las canteras de traquita, de modo que la extracción de la roca se combinara con la restauración de la ladera hasta que los derechos mineros quedaran agotados. En una reunión de trabajo, alguien habló de la posibilidad de "un Chillida" capaz de gestionar esta estrategia. Este Chillida metonímico llegaría casualmente a los oídos del Chillida de carne y hueso a través de su amigo y colaborador el ingeniero José Antonio Fernández Ordóñez, que justamente estaba en aquel momento trabajando en un proyecto en Gran Canaria y conocía a Fernández-Aceytuno. Resultaba que Chillida llevaba años buscando, sin éxito, una montaña que vaciar escultóricamente.

Para sorpresa de propios y extraños, poco después de aquella reunión de trabajo, sin previo aviso, Eduardo Chillida mencionaba, en su discurso de entrada en la Real Academia de las Bellas Artes de San Fernando, su intención de visitar Fuerteventura para explorar la posibilidad de esculpir una montaña, vaciándola para insertar en ella el espacio.[3] Se trataba, según el escultor, de un viejo sueño suyo: tallar una montaña, dejando que los canteros se quedaran con la piedra y él con el espacio resultante. A pesar de la enorme sorpresa que tales declaraciones suscitaron, PRAC y el Gobierno canario decidieron que se trataba de una oportunidad que no podían dejar pasar y enviaron con premura una delegación oficial a San Sebastián para entregarle a Chillida, en mano, una invitación a visitar Tindaya. Apenas dos semanas después de haber pronunciado su discurso, Chillida arribaba a Fuerteventura por vez primera, acompañado de su esposa, Pilar Belzunce, y del ingeniero Fernández Ordóñez.

La visita duró cuatro días y generó una gran expectación a nivel insular. Fue, de hecho, noticia de primera página del diario regional de mayor tirada, *La Provincia.* Algunos de los allí presentes me contaban, más de veinte años después, que les había quedado muy claro, desde la primera visita a la montaña, que Chillida y Fernández Ordóñez no estaban interesados en redirigir la actividad de las canteras en clave artística. Les interesaba, en palabras del primero, "sacar el alma de la montaña".[4] Se podría decir, por tanto, que el monumento a la Tolerancia nació en ese preciso momento, en ese peculiar encuentro entre un artista en busca de una montaña y una montaña en busca de un artista, aunque sus intenciones no fueran simétricas. Se podría argumentar, asimismo, que los cimientos de la futura suspensión del monumento fueron echados también durante esta primera visita, ya que fue ese el momento en que la ingeniosa estrategia de PRAC para liquidar las concesiones mineras y financiar la "protección integral" de la montaña pasó a ser algo totalmente diferente en manos de Chillida y su enorme capacidad de seducción. Tras aquel primer encuentro, los responsables del Gobierno dejarían de lado el plan de protección para centrar sus esfuerzos en la posibilidad de tener "un Chillida" (ahora ya no una metonimia) en la isla. La cuestión no era cómo resolver la incómoda situación jurídica de la montaña, sino generar "un antes y un después" para Fuerteventura y para Canarias.[5]

De hecho, el Gobierno apoyó el proyecto de monumento entusiasta e incondicionalmente mucho antes de que existiera como tal. Unos meros bocetos bastaron para declararlo "de interés general para la región" en 1995, una designación que conllevó la creación de un comité de gestión del proyecto con acceso a fondos públicos hasta entonces inimaginables y que puso en marcha toda una serie de mecanismos jurídicos que, a su vez, abrirían la puerta a la futura suspensión del monumento. En teoría, el comité (formado por miembros de los departamentos de Hacienda, Industria, Turismo, Medio Ambiente, Patrimonio y Cultura) debería haber sido capaz de acelerar el proyecto; era, de hecho, su cometido y justificación. Pero su implicación resultó justamente en lo contrario. El comité descartó la posibilidad de una expropiación de los derechos mineros, alegando la necesidad de "una solución rápida y consensuada" que permitiera que el proyecto despegara lo antes posible. Para ello, llegaron a un acuerdo con las dos empresas mineras con derechos de explotación. Cantería Arucas recibió aproximadamente 900.000 € en concepto de liquidación de sus derechos. Cabo Verde, cuyos derechos fueron valorados en 5,4 millones de euros, fue convertida en socia al 50 % de una nueva empresa público-privada llamada Proyecto Monumental Montaña Tindaya (PMMT), encargada de la construcción y gestión del proyecto de Chillida. El Gobierno de Canarias se comprometía, además, a comprar su participación en un período de cuatro años.

Se trataba de un procedimiento sumamente inusual, tal y como denunciaron la oposición y grupos activistas. El resultado fue una larga serie de juicios que examinaron la legalidad de la compraventa de los derechos mineros, el posible tráfico de influencias entre Cabo Verde y el Gobierno de Canarias, y la propia estructura legal del PMMT. A estos procedimientos se les sumarían, con el tiempo, denuncias relacionadas con la delimitación y protección del yacimiento arqueológico y del espacio natural, que habían sido declarados compatibles con la construcción del monumento de Chillida. Estos múltiples "frentes legales", fruto de la acción de colectivos activistas y medioambientales, adquirieron una escala ciertamente monumental, extendiéndose más de dos décadas.[6] Constituyen, sin duda, una de las principales causas de la suspensión del proyecto. Esta última habría que relacionarla también con los fallecimientos de Fernández Ordóñez en 2000 y de Eduardo Chillida en 2002, que interrumpieron el proceso hasta que sus hijos/herederos se hicieron cargo del proyecto. A esta pausa se le unió la crisis de 2008, que golpeó con particular vehemencia a Canarias y pospuso indefinidamente las atribuciones presupuestarias previstas. Además, cuando en 2015 el Gobierno de Canarias quiso reactivar el proyecto, se topó con un renovado activismo capaz de mantener el pulso legal y social.

El todo caso, para el argumento que aquí persigo, las causas de la suspensión del monumento son menos interesantes que sus efectos. Como decía más arriba, la suspensión no es solamente la paralización de un proyecto, sino un modo específico de existencia. En el caso del monumento a la Tolerancia, el Gobierno de Canarias nunca abandonó del todo la idea de llevarlo a cabo, y de hecho lleva invertidos más de veinticinco millones de euros desde mediados de la década de

1990 entre estudios técnicos y actividades de promoción. Por otro lado, los activistas nunca dieron por hecho que no se construiría, y han persistido en su campaña durante todo este tiempo, organizando charlas, manifestaciones, publicaciones, visitas guiadas, etc. El resultado es que el proyecto de Chillida siguió existiendo como promesa para los primeros y como amenaza para los segundos.[7]

Promesa y amenaza constituyen dos formas singulares de anticipación. Lejos de un simple acto de espera o expectación, la anticipación describe un estado afectivo que implica actuar basándose en la posibilidad de que algo ocurra.[8] Dicho de otro modo, se trata de una forma activa de orientarse con respecto al futuro, de encarnarlo y hacerlo presente.[9] Esta sería, en mi opinión, una de las características más llamativas de la temporalidad de la suspensión: además de estar asociada a un posible futuro por venir, se despliega en el presente a través de formas varias de anticiparlo, de modo que la postergación, lejos de constituir un vacío, está, de hecho, plena de actividad. A esta conclusión llegó también Gisa Weszkalnys en su estudio de la anunciada, pero nunca materializada, industria del petróleo en Santo Tomé y Príncipe. Weszkalnys describe cómo la anticipación de prósperos futuros petrolíferos produjo toda una serie de entidades, formas organizativas, políticas, planes, medidas y subjetividades hasta el punto de constituir, en su opinión, "un despliegue, una vacilación y una distribución de temporalidades".[10]

Esta multiplicidad de texturas temporales es, asimismo, aparente en el caso de Tindaya. Para el Gobierno, el proyecto de Chillida quedó muy pronto significado como promesa de desarrollo y progreso, ese punto de inflexión para la isla y el archipiélago mencionado más arriba. A ojos de los responsables políticos, el monumento representaba una infraestructura artístico-turística de primer orden capaz de poner a la isla en el mapa mundial del *land art* y de atraer miles y miles de visitantes especialmente preciados: gente a la que se le atribuía la distinción de buscar algo más que sol y playa, atraída por la Cultura (con mayúscula inicial).[11] Aunque las proyecciones realizadas puedan parecer sencillamente delirantes (entre 120.000 y 150.000 visitantes al año, según un documento de 1996),[12] creo que es interesante situarlas dentro de un contexto en el que, como ha señalado George Yúdice, la cultura como recurso económico e incluso de conciliación social había cobrado un protagonismo inusitado.[13] En el Estado español, la década de 1990 abrió un ciclo de auténtico paroxismo en el desarrollo de infraestructuras artísticas y culturales: las inauguraciones del Museo Nacional Centro de Arte Reina Sofía en Madrid

(1992), del MACBA de Barcelona (1995) o del Museo Guggenheim de Bilbao (1997) serían tan solo la punta del iceberg de un proceso que hizo que se pasara de diez museos de arte contemporáneo en 1981 a 126 en 2014 (y eso sin contar los innumerables auditorios y centros culturales que también proliferaron durante este período).[14] En mi opinión, más que una forma de política cultural *stricto sensu* (lo cual implicaría la existencia de algún tipo de planificación coordinada), cabe ver en esta inversión pública sin precedentes en el ámbito de la cultura una expresión de lo que el artista David Bestué ha llamado "la monumentalización de la infraestructura", una fase de exuberancia presupuestaria y estética donde la voluntad del Estado de significar la inequívoca modernización del país mediante grandes proyectos encontró eco en una generación de arquitectos e ingenieros más que dispuestos a proyectar obras monumentales.[15]

En este contexto, el monumento a la Tolerancia representaba una oportunidad irresistible para el Gobierno de Canarias. Desde el punto de vista de sus representantes, aparente tanto en los materiales de la época como en las entrevistas que realicé veinte años más tarde, Fuerteventura, la más periférica de este archipiélago "ultraperiférico",[16] parecía haberse topado con una improbable oportunidad de reconocimiento, progreso y desarrollo: acogería la última gran obra del más reconocido de los escultores españoles en activo, cuyo incuestionable prestigio y reputación se extendería a la isla. Las instituciones del Estado se embarcaron así en formas varias de anticipación destinadas a hacer presentes estas promesas: desde proyecciones económicas cuantificando la prosperidad que el monumento traería hasta el comisariado de exposiciones, publicaciones y producciones audiovisuales diseñadas para ensalzar el proyecto de Chillida en cuanto obra de arte y seducir al futuro público con su pretendida importancia y magnitud. Entre estas últimas, destacaría una exposición itinerante (y su correspondiente catálogo)[17] que el Gobierno de Canarias encargó al crítico de arte Kosme de Barañano y al arquitecto Lorenzo Fernández-Ordóñez (hijo de José Antonio) en 1996, cuando la construcción del monumento era, a ojos de sus promotores, inminente.

La exposición fue inaugurada en Puerto del Rosario, Fuerteventura, y luego viajó a las ferias Fitur y Arco, en Madrid, y al Kunsthalle de Bielefeld, en Alemania. Estaba compuesta, principalmente, por maquetas y dibujos del monumento y la montaña: imágenes y objetos que simulaban el encaje del monumento en el espacio y figuraban sus cualidades formales. Archivada desde finales de la década de 1990, la exposición fue sorprendentemente recuperada y ampliada por el Cabildo de Fuerteventura en 2015 con motivo de la reactivación del proyecto. Desde entonces está instalada en un pequeño museo, La Casa Alta de Tindaya.[18] Esta muestra, que visité en 2016 y 2017, fue una pieza importante en mi proceso de conceptualización de lo que vine a llamar "la estética de la suspensión", una de las formas más importantes de rematerialización del proyecto de Chillida. Las imágenes y los objetos incluidos en la exposición estaban diseñados para sublimar el monumento y liberarlo de cualquier asociación con la controversia. Nada más entrar, por ejemplo, un vídeo de tres canales mostraba imágenes aéreas de la zona y una animación digital tridimensional en la que, como si de un dron se tratara, se sobrevolaba la zona para luego entrar al monumento por una de sus chimeneas verticales. Una vez dentro, ante la mirada atónita de diminutos espectadores, se simulaba el efecto de la luz del sol y de la luna en diferentes momentos del año. Todo ello acompañado de una música orquestal *in crescendo* de tonos mayores. Épica e ingravidez eran los ingredientes de una representación del monumento bastante cercana a los códigos del *marketing* y la publicidad. Mucho más sobrios, las maquetas y los dibujos también presentes llevaban a cabo una operación complementaria, al presentar el monumento como un gesto artístico puro y limpio: un simple cubo dentro de la montaña, conectado al exterior mediante tres orificios. Estos materiales estaban todos basados en los bocetos iniciales del proyecto, anteriores a los estudios técnicos y las especificaciones finales, que entre otras cosas habían concluido que era imposible sostener el gigantesco techo plano dibujado por Chillida en el interior de la montaña sin una bóveda o sistema de tirantes que lo aguantara.

Por otro lado, la exposición, producida bajo la premisa de la inminencia del monumento, había adquirido, con la suspensión de este, una extraña atemporalidad: el futuro que anunciaba no había llegado, y el paso de tiempo anclaba estas imágenes prospectivas en un momento pasado. El corto de Gonzalo Suárez *Tindaya-Chillida: un proceso de creación*, por ejemplo, mostraba las cicatrices de su digitalización: pixelado, franjas en los bordes de la imagen y una banda sonora con tendencia a desafinarse. Las simulaciones del interior del monumento, hechas a mano, contrastaban con la estética imperante de las imágenes generadas por ordenador. Asincronía temporal y sublimación formalista eran los pilares de una exposición que había acabado generando su propia estética de la suspensión. Esta descansaba también en la evacuación total de la controversia del espacio del museo, en la omisión de cualquier indicio del disputado carácter del monumento. La interrupción y los múltiples enredos legales y políticos del proyecto fueron soslayados, lo que redoblaba su representación como un gesto artístico puro y transcendental, alejado tanto de minucias contextuales como de condicionamientos técnicos.

En marcado contraste, las arqueólogas y activistas ambientales que veían en el monumento una amenaza al patrimonio indígena y a la sostenibilidad de la isla movilizaron formas de anticipación de signo contrario. Como explicaba más arriba, la oposición al monumento de Chillida lo ha acompañado desde sus primeros pasos. Las principales organizaciones medioambientales de la isla han mantenido el mismo argumento desde que el proyecto fuera presentado: Tindaya es

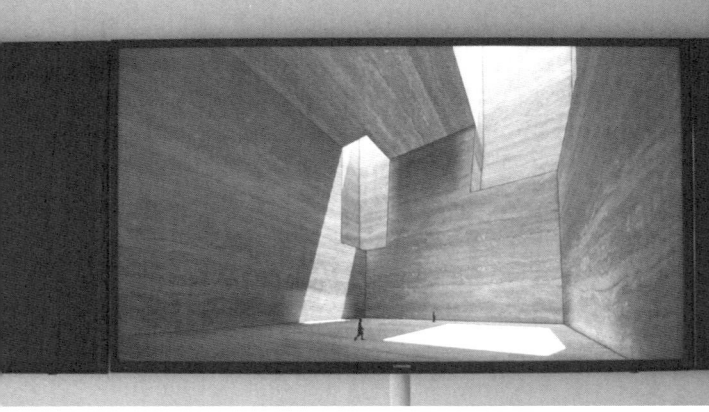

Simulación del proyecto de Eduardo Chillida en Tindaya, 2016

una montaña protegida, y esta protección es incompatible con el monumento de Chillida, con independencia de las virtudes de este último. A los ojos de estos grupos, la insistencia mostrada por el Gobierno de Canarias y el Cabildo de Fuerteventura por sacar adelante el proyecto, a pesar de la retahíla de problemas que les ha generado, es una muestra del desinterés —si no desprecio— que las instituciones tienen por el medioambiente y el patrimonio indígena. La búsqueda de inverosímiles ardides legales para encajar el monumento en un ámbito protegido y las excepcionales partidas presupuestarias que lo han acompañado durante más de dos décadas contrastan marcadamente con la falta de entusiasmo por fomentar la arqueología

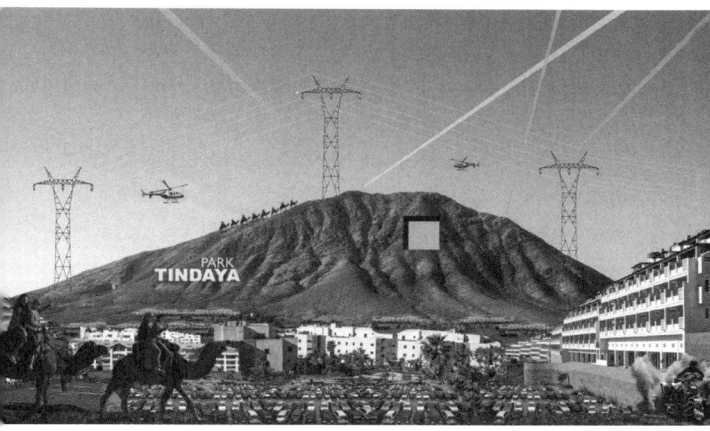

Rénder activista difundido por la Coordinadora Montaña Tindaya, 2020

prehispánica o por poner en valor, como tales, las numerosas zonas naturales protegidas de la isla.

La lucha de activistas y arqueólogas —agrupadas desde 1996 bajo el paraguas de la Coordinadora Montaña Tindaya— contra la construcción del monumento y por la protección integral de la montaña ha tenido también un carácter claramente anticipatorio: la movilización no solo requería actuar como si el monumento se fuera a llevar a cabo, sino también imaginar los impactos en caso de que así fuera y prepararse para que así no sea. De ahí que a la urgencia de dar respuestas legales a cada elemento del proyecto se le uniera también el trabajo de proyectar socialmente un futuro distópico para la isla asociado a la inoperancia del marco jurídico y la sobreexplotación turística del territorio. Como rezaba uno de sus eslóganes, "Si se hace el monumento de Chillida, todo vale en Fuerteventura".

El hecho de que el monumento a la Tolerancia no se haya construido no significa, pues, que no haya existido. La trayectoria imaginada por artista y gestores generó una proliferación de materializaciones alternativas y anticipatorias; la suspensión del monumento actuó como plataforma tanto para la proyección de un futuro próspero por parte de las instituciones del Estado como para el activismo patrimonial y medioambiental, que lo veía como una amenaza. La suspensión del monumento produjo, de este modo, su proliferación: en vez de una materialización única y concluyente, pasó a ser un objeto redistribuido en forma de maquetas, simulaciones, planos, dibujos, partidas presupuestarias, contraimágenes, etc.

Notas

[1] Gupta, Akhil, "Suspension", *Theorizing the Contemporary, Cultural Anthropology*, 24 de septiembre de 2015, culanth.org/fieldsights/suspension.

[2] La historia del monumento a la Tolerancia y su suspensión es larga y enrevesada. La exposición que sigue está necesariamente resumida. Es, en parte, una traducción libre de un texto previo: Marrero Guillamón, Isaac, "Monumental Suspension: Art, Infrastructure, and Eduardo Chillida's Unbuilt *Monument to Tolerance*", *Social Analysis*, vol. 64, núm. 3, 2020, págs. 26-47, doi.org/10.3167/sa.2020.640303. Para una exploración más a fondo de la controversia, sugiero las siguientes referencias: Díaz Cuyás, José, "La naturalización del arte del suelo: el paradigma Tindaya", *Acto: Revista de Pensamiento Artístico Contemporáneo*, núm. 1, 2002, págs. 163-196; Giráldez Macía, Jesús, *Tindaya: el poder contra el mito*, Zambra-Baladre, Madrid, 2007; y Marrero Guillamón, Isaac, "More than a Mountain: The Contentious Multiplicity of Tindaya (Fuerteventura, Canary Islands)", *Journal of the Royal Anthropological Institute*, vol. 27, núm. 3, 2021, págs. 496-517, doi.org/10.1111/1467-9655.13547, y "Waiting for Tindaya: Modern Ruins and Indigenous Futures in Fuerteventura", *The Sociological Review*, vol. 70, núm. 2, 2022, págs. 296-312, doi.org/10.1177/00380261221084431.

[3] Olave, Carlos, "Chillida: 'Sigo buscando una montaña para meter el espacio en su interior'", *ABC*, 20 de marzo de 1994, pág. 67.

[4] Agencia EFE, "Chillida dice que 'sacar el alma' de la montaña es el sentido de su obra en Tindaya", *Canarias 7*, 29 de junio de 1995, pág. 19.

[5] García, Catalina, "Chillida: 'Haré todo por realizar la obra en la montaña de Tindaya'", *Canarias 7*, 6 de mayo de 1994, pág. 24.

[6] Mesa, Macame, "Tindaya: La utopía truncada", *Eldiario.es*, 31 de octubre de 2013.

[7] La situación pareció cambiar, resolverse incluso, durante el Gobierno de coalición del Partido Socialista, Nueva Canarias, Sí

Podemos y Agrupación Socialista Gomera, cuando el Consejo de Patrimonio Histórico de Canarias aprobó en 2023 la ampliación de la delimitación de la zona de protección del Bien de Interés Cultural de Tindaya. Esta ampliación era incompatible con la construcción del monumento de Chillida y, además, había de poner en marcha mecanismos varios de estudio, protección y promoción del yacimiento arqueológico indígena. Pero ese mismo año la coalición perdía el poder, y la ejecución del plan quedaba interrumpida. En un paradójico giro, era la protección de la montaña lo que quedaba ahora en suspensión.

[8] Weszkalnys, Gisa, "Anticipating Oil: The Temporal Politics of a Disaster Yet to Come", *The Sociological Review*, vol. 62, núm. S1, 2014, págs. 211-235, doi.org/10.1111/1467-954X.12130.

[9] Adams, Vincanne; Murphy, Michelle y Clarke, Adele E., "Anticipation: Technoscience, Life, Affect, Temporality", *Subjectivity*, vol. 28, núm. 1, 2009, págs. 246-265, doi.org/10.1057/sub.2009.18.

[10] Weszkalnys, Gisa, *op. cit.*, pág. 213.

[11] García, Catalina, *op. cit.*

[12] Consultoría Gest, *Estudio económico Parque Temático Montaña Tindaya*, 1996.

[13] Yúdice, George, *El recurso de la cultura: usos de la cultura en la era global*, Gedisa, Barcelona, 2002.

[14] Marzo, Jorge Luis, "Las políticas de lo público en el arte", *Periférica Internacional: Revista para el Análisis de la Cultura y el Territorio*, núm. 15, 2014, págs. 59-70.

[15] Bestué, David, "Formas libres: la influencia de la escultura en la ingeniería española reciente", *El Estado Mental*, núm. 7, 2015, págs. 132-138.

[16] Canarias es una de las nueve Regiones Ultraperiféricas reconocidas por la Unión Europea, designación que les otorga un régimen jurídico singular. El carácter periférico de Fuerteventura dentro del archipiélago está vinculado a su aridez extrema, que limitó en gran medida el establecimiento de colonias humanas hasta la construcción de una planta desalinizadora en la década de 1960. Esta condición periférica se ha explotado como tierra de destierro (Miguel de Unamuno fue desterrado allí por José Antonio Primo de Rivera en 1924), sede de La Legión entre 1976 y 1996 y territorio de pruebas militares de la OTAN.

[17] Barañano, Kosme de y Fernández-Ordóñez, Lorenzo, *Montaña Tindaya: Eduardo Chillida*, Gobierno de Canarias, Fuerteventura, 1997.

[18] En otro sorprendente eco recursivo, La Casa Alta quedó también en suspensión poco después de su inauguración. Ni está cerrada del todo ni cuenta con horario de apertura; abre de modo esporádico e impredecible.

Suspensión y reapropiación

Al contrario que el monumento a la Tolerancia, cuya suspensión se tradujo en una redistribución material que lo alejó de la montaña de Tindaya, existen otras formas de suspensión que dejan tras de sí espacios a medio construir, expuestos a formas varias de reapropiación. Tal es el caso del complejo memorial Bab-e-Pakistan en Lahore, Pakistán, diseñado por el arquitecto Amjad Mukhtar en 1991, empezado a construir poco después y a día de hoy aún inacabado, en gran medida debido a la intermitencia del compromiso y la financiación por parte del Gobierno. El historiador y etnógrafo Chris Moffat lo define justamente como un memorial suspendido, lejos de ser terminado, pero ni mucho menos abandonado.[1]

Bab-e-Pakistan ("la puerta a Pakistán") está situado en Walton Road, en el emplazamiento del primer y más grande campo de refugiados pakistaní, resultado de la partición del subcontinente indio en 1947 y la migración masiva de la población musulmana de la India al nuevo Estado nación. Más de cien mil refugiados vivieron allí durante años, en condiciones que solo cabe definir como infrahumanas. Para Amjad Mukhtar —quien ganó el concurso convocado por el Gobierno pakistaní para la construcción del memorial con un proyecto basado en un ejercicio que había realizado como estudiante en la década de 1980—, este es un lugar de enorme sufrimiento, pero también de valentía y sacrificio por la nación. Su propuesta de monumento-memorial busca "coagular" ese momento histórico a través de un espacio de devoción y peregrinaje. Para ello, el diseño transmuta las tiendas de campaña del campo de refugiados en treinta y dos estructuras triangulares de hormigón que rodean el edificio principal, de cuarenta metros de altura, cuya forma remite a la representación en caligrafía cúfica de la profesión de fe islámica *la ilaha il-la Al-lah* ("no hay más dios que Alá").

Para Moffat, sin embargo, el memorial inacabado evoca también otras características del

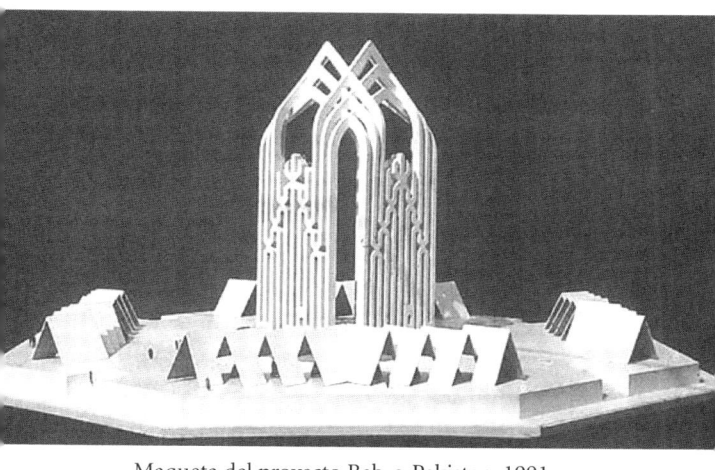

Maqueta del proyecto Bab-e-Pakistan, 1991

campo de refugiados: "barro, miseria, riesgo, y en especial el peso de la espera, una incertidumbre profunda sobre lo que el futuro deparará".[2] Su argumento se apoya en el hecho de que la incerteza con respecto al futuro de Bab-e-Pakistan no ha generado un vacío, sino que está, por el contrario, poblada de vida. A pesar de que el espacio está técnicamente cerrado al público, su único vigilante es incapaz de impedir de modo efectivo la entrada a un recinto de treinta hectáreas. Moffat describe cómo, en sus múltiples visitas, se encontró con perros callejeros, bandadas de pájaros, malas hierbas, partidos de *cricket*, niños jugando a la sombra de las estructuras de hormigón, cabras y vacas pastando, restos de congregaciones en forma de montañas de colillas, jóvenes en busca de un fondo dramático para su nueva foto de perfil o un mercadillo informal de comida durante el Ramadán. La continua postergación del memorial (cuya construcción ha sido inaugurada hasta cuatro veces) ha amparado una vida cotidiana ciertamente vibrante —aunque sesgada en clave de género— en su interior: "es, precisamente, el estado de suspensión lo que genera una oportunidad para los lahoríes; el vacío temporal produce espacio [público]".[3]

El caso de Bab-e-Pakistan encierra una paradoja: su suspensión ha generado un espacio de apropiación y disfrute para algunos lahoríes, mientras que su construcción conllevaría, a buen seguro, un proceso de regulación y cercado que excluiría estos usos. De hecho, la revisión del proyecto original llevada a cabo en 2018, contra la que Amjad Mukhtar protestó vigorosamente, incluía la construcción de numerosos establecimientos privados, como tiendas, restaurantes, un cine y hasta una noria. Para el arquitecto, estos cambios suponían la "corrupción" de su proyecto, cuyo aplazamiento indefinido vivió, además, como un gran fracaso. A este lamento, sin embargo, Moffat le contrapone una lectura alternativa: quizá, hasta cierto punto, la animada vida social del memorial suspendido evoque, precisamente, el sentido de umbral que Mukhtar defendía para su proyecto, así como un proceso de autodeterminación nacional que permanece inacabado. En este sentido —nos propone Moffat—, la condición tumultuosa de Bab-e-Pakistan como espacio suspendido quizás pueda verse como algo productivo, que escapa a la teleología de la finalización y que, en lugar de reificar el lugar y coagular su significado, abre un paréntesis para la experimentación.

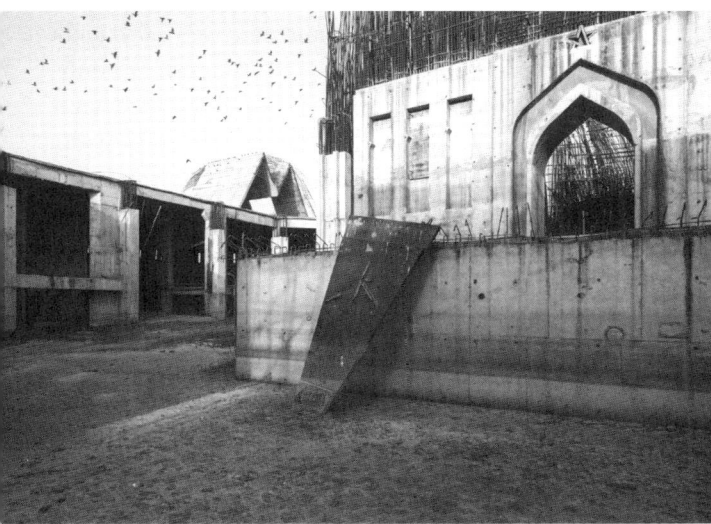

Bab-e-Pakistan, Lahore, 2019

A una conclusión similar llega Uroš Kovač[4] en un contexto muy diferente: la reforma de un conocido estadio de atletismo en Kenia: el Kamariny, inaugurado por la entonces futura reina Isabel II de Inglaterra en 1952. El estadio formaba parte de una compleja infraestructura deportiva de entrenamiento en altura (que englobaba instalaciones, escuelas, atletas, conocimientos, *thin air*, patrocinadores, representantes, etc.) desarrollada durante décadas en Iten, en el condado de Elgeyo-Marakwet, y vinculada al enorme éxito de atletas keniatas en competiciones internacionales. La reputación de Kamariny entre profesionales y aficionados se extiende asimismo en el dominio de la web 2.0: cuenta con miles de publicaciones en Instagram y abundan los testimonios personales en blogs y redes sociales. A pesar de la efectividad de este entramado, el estadio fue derribado en 2017 para su modernización como parte del proyecto gubernamental de desarrollo Kneya Vision 2030. Apenas unos meses después de que comenzaran los trabajos, estos se detuvieron, dejando tras de sí los huecos para los futuros cimientos, esqueletos de hormigón, fragmentos de tuberías, montañas de piedras, gradas a medio hacer y materiales de construcción desperdigados. El proyecto, sin embargo, no se había abandonado; tan solo se había aplazado. En efecto, las obras se reanudaron, aunque brevemente y sin grandes avances, en 2020 y 2023, apuntalando así su condición de suspensión indefinida.

La interrupción de la reforma del estadio generó entre los atletas tanto nostalgia como anticipación; algunos lamentaban la pérdida de una pista icónica vinculada a grandes éxitos pasados, otros expresaban el deseo de una infraestructura moderna a la altura de los corredores de la región. En ambos casos, la condición material de la suspensión —la obra a medias, los escombros— suponía una fuente de frustración: se había inhabilitado una infraestructura funcional y no había visos de que se materializara su moderna sustituta. Frente a esta situación, en 2019 se organizó un grupo para retirar los escombros de la antigua pista y rehabilitar los carriles internos. Gracias a ello, desde entonces Kamariny funciona como pista de entrenamiento de libre acceso. Tras las elecciones de 2023, aunque las obras de reforma no se reanudaron, la municipalidad envió excavadoras para despejar algo más la pista.[5] Según Kovač, el estadio atrae especialmente a atletas con menos recursos, que no pueden hacer frente al pago requerido en otras instalaciones más o menos cercanas, así como a aquellos que prefieren la pista de tierra a las superficies de tartán, más duras. Entre sus usuarios, existe el temor de que la reforma suponga la introducción de cuotas de acceso, como ya sucedió en otros estadios, y que ello acreciente aún más la desigualdad entre atletas pobres y atletas esponsorizados. Para los primeros, la suspensión de las obras había supuesto el mantenimiento del carácter público y gratuito de la pista, sin duda amenazado por el proyecto de modernización. De ahí que habitar la incertidumbre y la incomodidad asociada a una infraestructura a medias fuera preferible a presionar al Gobierno para que finalizara un proyecto que probablemente resultaría en su exclusión.[6]

El estadio Kamariny y Bab-e-Pakistan serían ejemplos del "constante devenir de lo inacabado"[7] en lo referente a la suspensión; un espacio-tiempo de posibilidad al que traicionaríamos definiéndolo solamente en términos de fracaso. Como elabora Kovač, hablar de suspensión es útil porque el concepto captura la existencia de "estados afectivos de incertidumbre, inestabilidad, especulación y atención vinculados a la interrupción y el retraso".[8] Para Kovač, la suspensión no tiene nada de abstracto; es, por el contrario, un proceso que resulta de la acción de diferentes agentes. Debemos preguntarnos, por tanto, quién y qué participa en su producción, cómo y con qué intenciones.

El papel de las instituciones del Estado en estos dos ejemplos plantea, de hecho, la posibilidad de que la suspensión sea una suerte de modo de gobierno: una *performance* de desarrollo y progreso basada en la postergación y la promesa, siempre referida a un futuro por llegar y, por tanto, no evaluable en el presente. Moffat parece apuntar en esta dirección cuando propone que la suspensión es una forma de posponer la resolución de disputas asociadas a proyectos controvertidos, o de evitar dar forma definitiva a aquello que se antoja problemático (en su caso, la conmemoración de la violencia asociada al nacimiento de Pakistán).[9]

Notas

[1] Moffat, Chris, "Monument as Threshold: Unfinished Buildings and the Aesthetics of Construction in Lahore", en Al Qasimi, Hoor y Dadi, Iftikhar (eds.), *Lahore Biennale 02 Reader,* Skira, París, 2024, págs. 122-143.

[2] Ibíd., pág. 129.

[3] Ibíd., pág. 136.

[4] Kovač, Uroš, "Suspension as Politics: A Stadium and Its Ruins in Northwest Kenya", *Ethnos*, vol. 90, núm. 2, 2025, págs. 313-339, doi.org/10.1080/00141844.2023.2259627.

[5] "¡El legendario estadio Kamariny de Iten ha vuelto a la vida!", *The Swiss Side Iten*, es.theswissside.com/post/el-legendario-estadio-kamariny-de-iten-ha-vuelto-a-la-vida (último acceso: 27 de mayo de 2025).

[6] Kovač, Uroš, *op. cit.*

[7] Guma, Prince K., "Incompleteness of Urban Infrastructures in Transition: Scenarios from the Mobile Age in Nairobi", *Social Studies of Science*, vol. 50, núm. 5, 2020, págs. 728-750, doi.org/10.1177/0306312720927088.

[8] Kovač, Uroš, *op. cit.*, pág. 315.

[9] Moffat, Chris, *op. cit.*

Apreciar la suspensión

"El *incompiuto siciliano* es el paradigma interpretativo de la arquitectura pública italiana de la posguerra", afirma el colectivo Alterazioni Video.[1] Para este grupo de artistas, las numerosas obras públicas dejadas a medias a lo largo y ancho de la isla constituyen "el estilo arquitectónico italiano más importante de los últimos cincuenta años". La ironía indisimulada de esta premisa es la base de un proyecto de investigación del *incompiuto siciliano* que busca redefinir los parámetros de su apreciación. Para ello adoptaron la lógica y el lenguaje de la protección del patrimonio histórico: se procedió a la catalogación de los ejemplos (más de trescientos cincuenta), se definieron sus características formales y se argumentó su relevancia cultural y social. Este trabajo fue presentado por vez primera en la Bienal Europea de Arte Contemporáneo Manifesta 7 (Trentino-Tirol del Sur, 2008). Entre las obras, destacaba la propuesta de Il Parco Archeologico dell'Incompiuto Siciliano en Giarre. Solo en esta pequeña localidad (con una población de veinticinco mil habitantes) se documentaron nueve estructuras a medias: un teatro, un aparcamiento de varias plantas, un parque infantil, un estadio de atletismo y polo con capacidad para veinte mil espectadores, una residencia de ancianos, un pabellón multiusos, una piscina olímpica, un mercado de flores y un circuito para coches teledirigidos. Por si fuera poco, la escala ciertamente monumental de estas piezas, sobre todo entendidas como "conjunto patrimonial", quedaba amplificada por la mirada de Gabriele Basilico, cuyas fotografías acompañaban el dosier.

En sus textos, Alterazioni Video define los proyectos incompletos como "ruinas de la modernidad" y "monumentos al entusiasmo creativo del liberalismo". Son, en otras palabras, los restos arquitectónicos de un período de exuberancia económica y formal que se tradujo en una intervención masiva en el paisaje italiano, llevada a cabo en clave de conquista y dominio. Además de los ejemplos ya mencionados, el colectivo ha catalogado

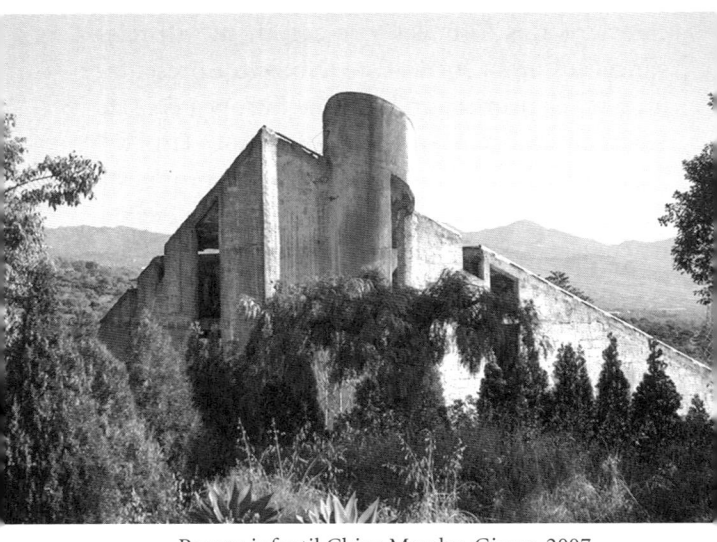

Parque infantil Chico Mendes, Giarre, 2007

una amplia muestra de autopistas inacabadas, puentes incompletos y presas a medio construir, un fenómeno que irradia desde su epicentro, Sicilia, al resto del país. Un postulado clave del *incompiuto siciliano* es la ejecución parcial del proyecto en cuestión, seguida de continuas modificaciones que generan tanto su suspensión como atisbos de actividad. La interrupción es, por tanto, un proceso reiterativo e intermitente, una "danza que se repite a lo largo de los años" y que muestra la "generosidad especulativa" de los actores implicados.

A nivel formal, la arquitectura suspendida catalogada por Alterazioni Video muestra una serie de características singulares: en primer lugar, el uso por doquier del hormigón armado, definido como "el esqueleto de la modernidad", la "materia pura" y el "símbolo del trabajo y la productividad". Con el paso del tiempo, el hormigón ha mostrado una gran capacidad para asimilar las cicatrices del proceso y adquirir nuevas tonalidades y texturas. Estas últimas se caracterizan hoy en día por el diálogo sinestésico con la vegetación, que se ha ido abriendo paso inverosímilmente, reapropiándose y transformando estas estructuras: "higueras, cactus, hierba, cemento, hierro: elementos aparentemente distantes, pero que se han convertido en los ingredientes de un estilo reconocible y caracterizado por su preciso posicionamiento geográfico e histórico". Para Alterazioni Video, el *incompiuto siciliano* resuelve finalmente la tensión entre forma y función en la arquitectura: "la falta de función deviene obra de arte". Estas estructuras y edificios públicos carentes de uso y función alguna habrían devenido lugares de contemplación, pensamiento e imaginación, símbolos de una ética, política y estética específicamente siciliana.

El trabajo del arquitecto Pablo Arboleda sobre Alterazioni Video y el *incompiuto siciliano* es especialmente significativo para la tesis de este texto. En efecto, ha ahondado en la economía política de este tipo singular de suspensión, vinculándola a la idiosincrasia del proceso de modernización de las infraestructuras públicas en la Italia de la posguerra. Tal proceso se caracterizó, de un lado, por el fraccionamiento y falta de coordinación entre los diferentes niveles de gobierno y planificación, y, de otro, por el papel central de las redes clientelares y de la mafia en la industria de la construcción, hasta el punto de que esta se planteó como un fin "en sí misma" y no como un medio para erigir estructuras destinadas a un uso posterior. En este sentido, Arboleda argumenta que, lejos de tratarse de un accidente, la arquitectura incompleta representa el éxito de un delito de guante blanco: una industria que beneficiaba a sus partícipes en la medida en que traicionaba su supuesta función pública,[2] que generaba empleo, alimentaba el tráfico de influencias e impulsaba indicadores de "crecimiento" sin llegar a producir espacios funcionales.[3] Como he ido argumentando a lo largo del texto, la suspensión tiene causas múltiples y siempre situadas; su análisis nos conduce a entramados políticos y económicos específicos. Pero, como también he dicho más arriba, me interesan más los efectos que los orígenes de la suspensión, es decir, lo que esta hace y permite hacer en un territorio y una sociedad concretos.

En este sentido, es relevante la reflexión de Arboleda sobre cómo el trabajo de Alterazioni Video transforma la lógica de la conservación patrimonial.[4] Al haber huido de la crítica explícita y haber apostado por habitar un espacio entre irónico y paradójico, el colectivo les ha dado la vuelta tanto a la condición social de estas ruinas (elevándolas a la categoría de restos con valor patrimonial) como a la propia noción de patrimonio, habitualmente asociado a formas hegemónicas de cultura y a la acción del Estado y grupos de expertos reconocidos. La intervención de Alterazioni Video tendría que ver, justamente, con la posibilidad de transformar estos esqueletos de hormigón en espacios de posibilidad y reapropiación "desde abajo". Los experimentos performativos con la demolición parcial o selectiva son un buen ejemplo. En 2010, Alterazioni Video organizó, en colaboración con varias entidades locales, el Festival Incompiuto Siciliano en Giarre. El objetivo no era otro que poner en el centro de la vida pública de esta pequeña localidad la cuestión de la arquitectura incompleta y sus posibilidades. Una de las *performances* relatadas por Arboleda[5] consistió en demoler colectivamente un pilar de hormigón de un parque infantil a medio hacer para trasladarlo y exponerlo, ese mismo verano, en el pabellón italiano de la Bienal de Arquitectura de Venecia. Acostada en el suelo, esta pieza de hormigón de una tonelada se convertía en símbolo escultórico del fenómeno de la arquitectura incompleta. En mi interpretación, su horizontalidad tenía también un componente mortuorio, capaz de arrojar sombras a la celebración de la arquitectura en la que se insertaba. En lugar de una estrategia de mera extirpación, dice Arboleda, el tipo de derribo planteado en esta acción constituía una suerte de ritual sanador o catártico, en cuanto que vehículo para la afirmación colectiva y la discusión pública.

Alterazioni Video ha experimentado también, en una serie de talleres con estudiantes de Arquitectura de diferentes universidades italianas, con el diseño de tácticas de reutilización e intervención más o menos efímeras.[6] La base de estos ejercicios es la convicción de que estas estructuras suspendidas pueden ser reconfiguradas a través de formas "menores" de arquitectura. Estas buscarían restituir lo incompleto como lugar de imaginación colectiva sin tratar de "resolver" su situación, sino abrazando, por el contrario, su condición intersticial. Aunque Alterazioni Video insiste en que es el proceso de trabajo colectivo ensayado en los talleres lo que tiene más valor, cabe mencionar algunas de las propuestas recogidas por Arboleda: la conversión de la piscina olímpica de Giarre, que nunca llegó a tener agua, en un jardín botánico húmedo; la transformación del truncado puente de Capri, en la misma localidad, en plataforma para toboganes inflables

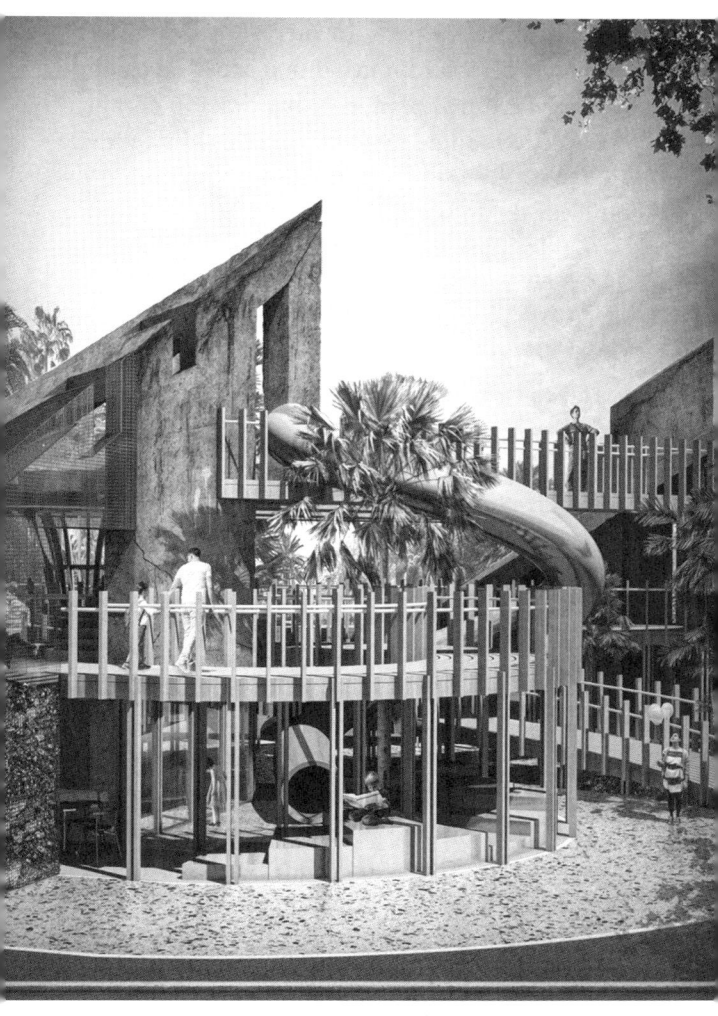

Propuesta de rediseño del parque infantil Chico Mendes, 2020

gigantes, sombra para un mercadillo, espacio de proyecciones y jardín urbano; o el uso de cajas de frutas y verduras para, en colaboración con grupos que usaban de manera informal el estadio de atletismo y polo, dotarlo temporalmente de taquillas y de un bar.

En la línea de lo argumentado por Arboleda,[7] diría que el trabajo de Alterazioni Video en torno al *incompiuto siciliano* supone un intento de transformar e intervenir en la percepción y apreciación pública de la arquitectura suspendida. Aun emparentada con un largo legado de fascinación con las ruinas (de Walter Benjamin a Robert Smithson), la labor de Alterazioni Video no busca una sublimación estética ni una epifanía perceptual, sino que a través de la ironía y el juego propone desplazar, colectivamente, el rol y la función de estos espacios públicos. La arquitectura a medias transmuta —a través de su rediseño, reapropiación o incluso derribo— en una plataforma para experimentar colectivamente y construir nuevos vínculos con el paisaje. La ausencia de crítica y denuncia explícita en la aproximación de Alterazioni Video tendría que ver, justamente, con el objetivo de revalorizar la arquitectura suspendida como espacio de posibilidad, de facilitar un encuentro con ella más afectivo que discursivo y de priorizar formas de conocimiento encarnado y de relación lúdica e imaginativa.

Como ha señalado Arboleda, este es un objetivo tremendamente ambicioso, sobre todo teniendo en cuenta que el *incompiuto siciliano* es mayoritariamente objeto de "vergüenza, frustración e impotencia".[8] Dicho de otro modo, Alterazioni Video lleva a cabo una "pedagogía de la apreciación": señala posibilidades allí donde predominaba la resignación, apuesta por la creatividad y el juego allí donde reinaba la indignación.

Notas

[1] Esta cita y las que siguen están todas extraídas del "Manifiesto Incompiuto Siciliano": Alterazioni Video, "Incompiuto Siciliano", *Abitare*, núm. 486, 2008, pág. 193.

[2] Arboleda, Pablo, "'Ruins of Modernity': The Critical Implications of Unfinished Public Works in Italy", *International Journal of Urban and Regional Research*, vol. 41, núm. 5, 2017, págs. 804-820, doi.org/10.1111/1468-2427.12569.

[3] Arboleda, Pablo, "Reimagining Unfinished Architectures: Ruin Perspectives between Art and Heritage", *Cultural Geographies*, vol. 26, núm. 2, 2019, págs. 227-244, doi.org/10.1177/1474474018815912.

[4] Arboleda, Pablo, "The Paradox of 'Incompiuto Siciliano Archaeological Park' or How to Mock Heritage to Make Heritage", *International Journal of Heritage Studies*, vol. 23, núm. 4, 2017, págs. 299-316, doi.org/10.1080/13527258.2016.1278255.

[5] Arboleda, Pablo, "Reimagining Unfinished Architectures", *op. cit.*

[6] Ibíd.

[7] Arboleda, Pablo, "'Ruins of Modernity'", *op. cit.*

[8] Arboleda, Pablo, "A New Sensibility towards Unfinished Ruins: Affective Knowledge Translation through Experimental Video", *Space and Culture*, vol. 26, núm. 1, 2023, pág. 140, doi.org/10.1177/1206331221989962.

El valor de la suspensión

En 1962, el Gobierno libanés liderado por Rachid Karami invitó al arquitecto brasileño Oscar Niemeyer a diseñar el recinto de la Feria Internacional de Trípoli. Como explica Jad Tabet,[1] la decisión de invitar a un arquitecto de renombre respondía, por un lado, a la voluntad de afirmar la nueva centralidad del Líbano en la región. Construir la feria en Trípoli, por otro, tenía que ver con redistribuir los frutos de este crecimiento dentro del país, desplazando así la hegemonía de Beirut. Adrian Lahoud[2] añade una dimensión geopolítica: contratar a Niemeyer permitía beneficiarse de la asociación con la arquitectura moderna dentro del marco del Movimiento de

Países No Alineados[3] sin la dimensión colonial que hubiera supuesto un arquitecto europeo o estadounidense. Niemeyer aceptó, y entre 1962 y 1967 trabajó en lo que hoy se conoce como la Feria Internacional Rachid Karami: un área de sesenta hectáreas ideada como tercer núcleo urbano para la ciudad (entre el centro histórico y el puerto), organizada alrededor de una enorme estructura en forma de búmeran que alojaría los pabellones nacionales, puntuada por una serie de edificios y estructuras singulares diseñadas por el propio Niemeyer y vinculada a la construcción de un nuevo barrio de vivienda pública de baja densidad. El proyecto tenía una clara dimensión simbólica; estaba estrechamente asociado a un proceso de construcción nacional vinculado a ideas de progreso y modernización, un proceso que, como en tantos otros lugares y momentos, demandaba la producción de grandes y espectaculares infraestructuras.[4]

El proyecto sufrió varios cambios en los cinco años que duró su tramitación y especificación; el más importante de ellos, el abandono del compromiso de crear un nuevo núcleo urbano de vivienda pública. En cualquier caso, en 1967 comenzaron las obras del recinto, que continuaron hasta quedar interrumpidas por el comienzo de la guerra civil en 1975. Durante los quince años que duró esta última, tanto el ejército libanés como milicias sirias ocuparon el espacio, que no obstante permaneció prácticamente intacto. Aun así, la finalización del conflicto no trajo consigo la reanudación de las obras, ni tampoco el abandono del espacio. Desde 1990, la Feria Internacional de Trípoli permanece suspendida en un peculiar equilibrio: el espacio está mantenido, pero vacío y, con alguna excepción, cerrado al público. Sus elementales formas arquitectónicas, desprovistas de uso alguno, aparecen en toda su cualidad plástica: la elipse del edificio principal, el atrio abierto de la entrada, los arcos apuntados del pabellón libanés o el domo del teatro. Cuando llueve, los embalses se llenan y cumplen su función de espejo reflector de los edificios. La ausencia de señalética alguna, así como de suministro eléctrico, dota al espacio de un carácter indefinido e intersticial, que persiste incluso cuando, ocasionalmente, se habilita para actividades como graduaciones, ferias, conciertos o circos. La existencia de otros usos no autorizados (pero recurrentes), como el *skateboarding*, el grafiti o la escalada, contribuye, igualmente, en su cualidad de espacio indeterminado.[5]

Tabet define la Feria Internacional de Trípoli como un espacio "paralizado", "congelado", a modo de cuerpo criogenizado. Un espacio, también, profundamente anacrónico en una ciudad ahora regida por la lógica capitalista de urbanización:

un espacio "inútil" para esta, fuera de los circuitos de acumulación. No han faltado, a lo largo de los años, los intentos de incorporarlo "productivamente" al tejido urbano, por ejemplo, en forma de parque de atracciones ("el Disneyland de Oriente Medio") o como centro de distribución de mercancías. Pero la sociedad libanesa se ha opuesto vigorosamente a estos planes, que han sido abandonados. Tabet sugiere que su carácter *outstanding* (a la vez excepcional y pendiente), así como su historia y la forma en que la memoria de la guerra está asociada a él, quizá lo hayan dotado de un estatus especial —como si de un espacio sagrado se tratara— que lo protege del apetito

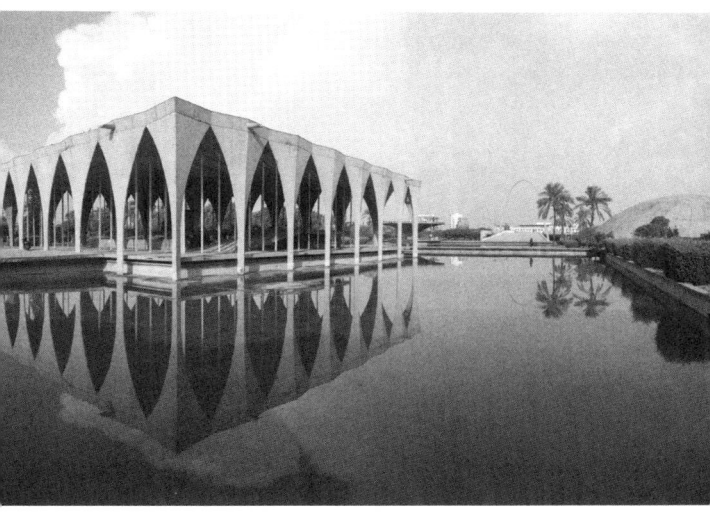

Feria Internacional Rachid Karami, Trípoli, 2018

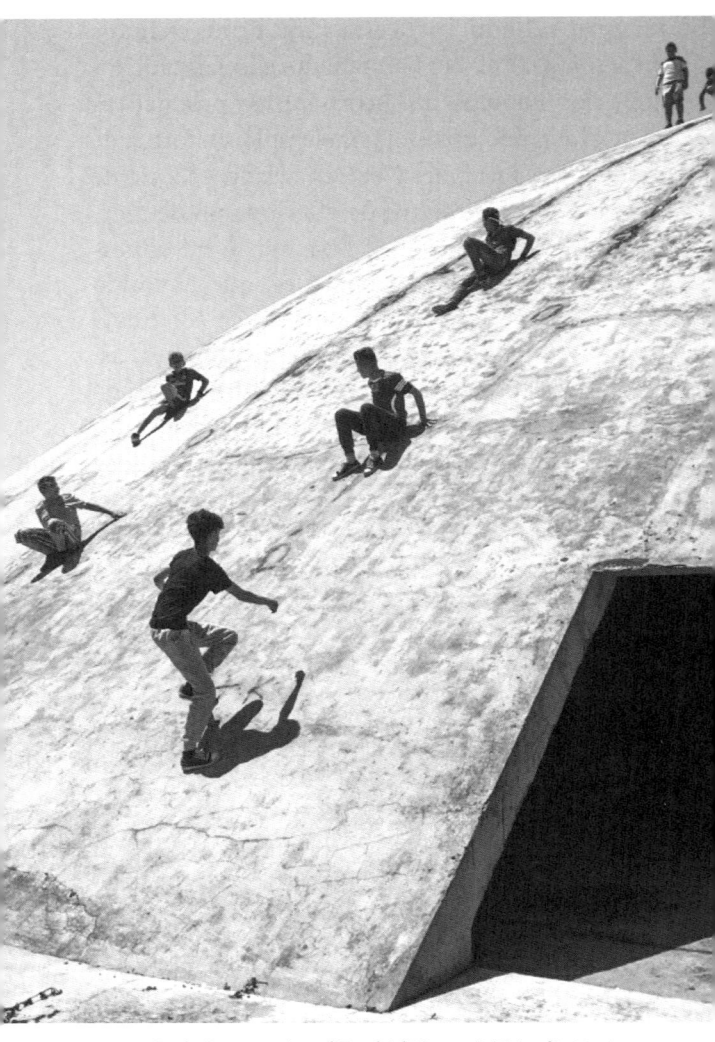

Feria Internacional Rachid Karami, Trípoli, 2019

especulador y de la presión por resolver y "poner en orden" su anómala situación. La idea de anacronismo subyace también al análisis de Lahoud, que señala la contradicción entre el triunfo del libre mercado en el Líbano, y el concepto de Estado y de nación subyacente al proyecto de feria internacional. Esta última representaría una escala y forma de intervenir en el espacio (urbano, afectivo, identitario) interrumpida por la guerra civil, primero, y finalmente abandonada tras ella. La persistencia material, aún fosilizada, del recinto ferial en el seno de la ciudad neoliberal sería así una suerte de residuo de un futuro ya pasado.

Charlène Dinhut[6] nos recuerda que, en química, una solución "en suspensión" es aquella que no se mezcla con el líquido al que se incorpora, es decir, que impone una discontinuidad con su exterior. A partir de ahí, propone pensar esa exterioridad como un todo que juega el papel de la norma, y la entidad suspendida como la parte que ejerce una política de no adhesión a la misma. En el contexto del Trípoli contemporáneo, la Feria Internacional representaría la no aquiescencia a la norma capitalista, una discreta negación de su inevitabilidad. La suspensión cobraría entonces un valor político, en cuanto oasis improbable y alternativa factual a la mercantilización del espacio urbano.

Tabet y Dinhut desarrollaron estas consideraciones sobre la Feria Internacional de Trípoli en el seno de *Suspended Spaces,* un proyecto artístico que, como su nombre indica, investiga e interviene en espacios en suspensión. Desde 2007, este colectivo itinerante y cambiante ha generado seis "ediciones", cada una organizada alrededor de un problema o localización concretos. Trípoli fue el centro de la segunda; el proyecto había comenzado años antes con una investigación en clave artística de la ciudad de Famagusta, en la costa este de Chipre. Este enclave turístico, otrora uno de los más grandes de la isla, fue evacuado apresuradamente, en tan solo cuarenta y ocho horas, durante la ofensiva turca de agosto de 1974 (una operación que acabaría resultando en la división de la isla entre la República de Chipre, al sur, y la autoproclamada República Turca del Norte de Chipre). Desde entonces, Famagusta (o, en concreto, la parte griega de la ciudad, Varosha) permanece acordonada, rodeada de barreras y alambre de espino, bajo el control y la vigilancia del ejército turco. La libre circulación está totalmente prohibida y tan solo es posible caminar alrededor de su perímetro o por las rutas abiertas más recientemente por las autoridades turcas.

Según Françoise Coblence,[7] Varosha fue "sellada" de tal modo —y no incorporada a la parte turca de la ciudad— porque se concebía como "moneda de cambio" en una hipotética negociación o acuerdo futuro sobre la partición/unificación de Chipre. Pero la idea de mantener Varosha "tal y como era", de suspender en ella el paso de tiempo para proteger así su valor político, se ha enfrentado desde entonces con los efectos temporales de la propia suspensión: cincuenta años después, los hoteles, complejos turísticos y edificios de apartamentos están en pleno proceso de deterioro y decadencia material; son una suerte de "ruinas en construcción". Además, el hecho de que la evacuación y clausura de Varosha ocurriera en un momento de plena expansión inmobiliaria añade un elemento peculiar a estas ruinas, ya que muchas son de edificios a medio construir, o sea, ruinas de "futuros anteriores", según la expresión de Reinhart Koselleck.[8] El resultado, para Coblence, es una suerte de antimonumento: un vacío de memoria en lugar de una celebración de ella; una estructura en descomposición en lugar de aspirante a la permanencia.

No obstante, esta condición no tiene por qué ser interpretada solamente en clave de negatividad. Françoise Parfait,[9] en la misma edición de *Suspended Spaces*, se apoya en Gilles Clément para definir este espacio vaciado y descuidado como un "tercer paisaje": un espacio liberado del sometimiento a las necesidades humanas y que, dejado a su suerte, deviene refugio para una nueva diversidad ecológica posantrópica.[10] Según

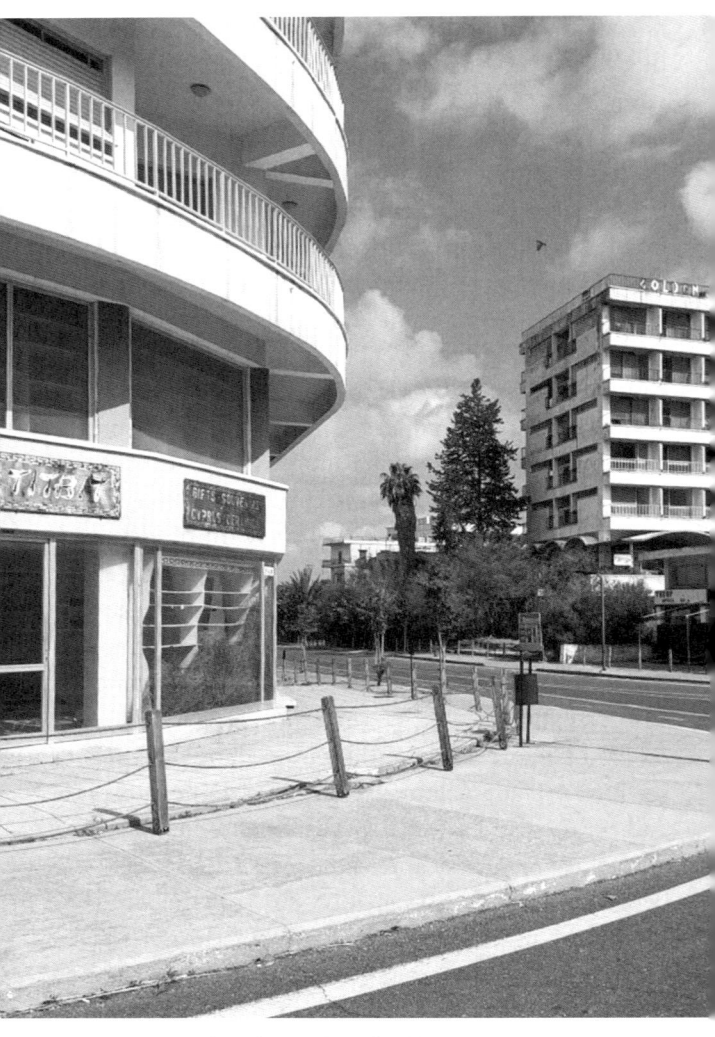

Esquina en Varosha, Famagusta, 2025

Clément, el tercer paisaje tiene una importancia fundamental en cuanto "cantera" genética para el futuro biológico del planeta, una función que, de hecho, depende del abandono de dicho espacio por parte de humanos e instituciones. La adopción de una perspectiva más que humana permite así apreciar otras dimensiones del espacio suspendido y resignificar su valor potencial más allá de cuestiones políticas o económicas como las anteriormente descritas. En este sentido, la suspensión es más que postergación e interrupción: es también —o, al menos, puede ser— caldo de cultivo para nuevos ensamblajes ecológicos. Su función podría ser pedagógica, pues estos espacios nos muestran las virtudes medioambientales de la no acción, de la no ordenación del territorio. Podrían, como ha sugerido Clément, ayudar a cuestionar la hegemonía de una relación instrumental con el territorio; a valorar estos espacios residuales como lugares de reinvención e inteligencia biológica; a cuidar de ellos "no como un bien patrimonial, sino como un espacio común del futuro".[11]

Las fricciones y las tensiones asociadas a esta idea de la suspensión como oportunidad ecológica pueden explorarse con algo más de detalle a través del ejemplo del Parque Natural de Văcărești, en el sureste de Bucarest, Rumanía. Esta zona periurbana tiene una larga y compleja historia que se remonta a principios del siglo XVIII, con el descubrimiento de varios manantiales populares entre la élite bucarestina y la construcción de un gran monasterio, posteriormente transformado en prisión. En la década de 1980, el régimen de Nicolae Ceaușescu se propuso transformar el área en un enorme lago artificial que formara parte de una nueva infraestructura hidráulica, para lo cual se derribó el monasterio-prisión y se construyó un monumental dique inclinado que delimitaba un área de 190 hectáreas. La "fosa" resultante, sin embargo, nunca funcionó como depósito de agua: el canal que debía conectarla con un lago al sur de la ciudad nunca se acabó; además, el agua de lluvia que se acumulaba se filtraba insistentemente tanto a través del suelo como del hormigón del dique. En 1989, con la caída del régimen comunista, el proyecto infraestructural en su conjunto fue abandonado y Văcărești cayó en un estado de barbecho indefinido.

Calin Cotoi[12] relata cómo durante el primer período postsocialista se plantearon toda una serie de proyectos para la zona concordantes con la exaltación especuladora del momento: un circuito de carreras, un campo de golf, un hipódromo, un gran hotel, una urbanización… Por diferentes razones, todos estos planes quedaron en papel mojado y, por el contrario, Văcărești se fue convirtiendo en zona de usos múltiples y diversos:

vertedero informal, terreno de pastoreo, ocasional matadero durante la Pascua, pista de carreras ilegales, zona de pesca… Algunas familias rom se establecieron allí permanentemente, mientras grupos de recolectores peinaban la zona en busca de metal y cazadores *amateurs* atrapaban pájaros cantores que vendían en un mercado cercano. El cañaveral que había ido creciendo ardía periódicamente, inundando la zona de humo. Con el tiempo, en la imaginación dominante (y xenófoba) de la ciudad, Văcărești pasó a ser un lugar peligroso e indeseable.

Lo extraordinario del caso es cómo esta amalgama de usos florecidos al amparo del colapso institucional, en un lago artificial a medio construir, generó también una diversa ecología más que humana: se cataﾪogaron hasta 331 especies de plantas, de las cuales 266 eran "endémicas";[13] aves varias, tortugas, serpientes, nutrias y zorros encontraron allí un hábitat viable. Este nuevo medioambiente atrajo a su vez nuevos usos y usuarios: fotógrafos de naturaleza, observadores de pájaros o botanistas aficionados empezaron a frecuentar Văcărești. Según Cotoi, cabe situar en la publicación de un reportaje en la edición local de *National Geographic* en 2012 el momento clave en la metamorfosis de la percepción colectiva de la zona. El reportaje construyó una nueva narrativa textual y visual para el espacio, transformando la ruina comunista en un milagroso "delta urbano" que había de ser protegido. La redención ecológica de Văcărești se presentaba, pues, como una contraimagen (verde, sostenible, bucólica) del gris y totalitario pasado socialista. Una alianza de grupos ecologistas, científicos, aficionados a la naturaleza y periodistas comenzó una intensa campaña para resignificar y proteger el que acabaría llamándose Parque Natural de Văcărești. Esto implicó tanto resistir los intereses especulativos en la zona como suscribir formas varias de control y regulación en nombre de la naturaleza: por

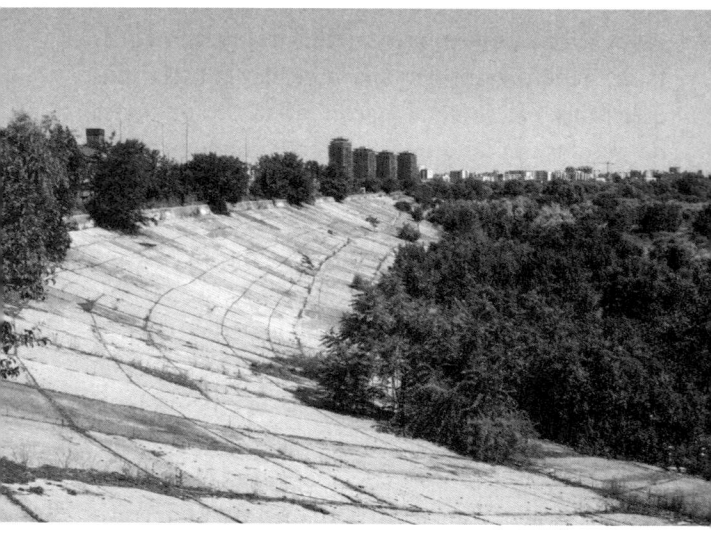

Parque Natural de Văcărești, Bucarest, 2025

ejemplo, el desalojo de las familias que vivían en el parque[14] y las sanciones a pescadores, cazadores y "pirómanos".

Pero la instauración de un régimen legal de protección de la naturaleza tuvo consecuencias no previstas: el cañaveral, sin los incendios periódicos, se extendió como una plaga; animales que habían sido de compañía, como las tortugas de Florida, competían ahora con especies protegidas y transmitían enfermedades; en 2019, una hierba invasora y asociada a alergias varias conquistó una buena parte del parque. En cada una de estas instancias, sus gestores intervinieron tajante y costosamente, defendiendo la línea entre entidades nativas e invasoras, entre seres autorizados y seres sobrantes. Para Cotoi, lo que había sido un espacio más que entrópico y sometido a un improbable equilibrio inestable fue sustituido por una naturaleza artificial e hipervigilada, construida de acuerdo con formas burguesas de apreciación y contemplación de lo "natural" como salvaje, sublime, edificante. Dicho de otro modo: en el momento en que se protegió Văcărești, perdió su potencia como "cantera genética", así como su hospitalidad para con prácticas y modos de vida subalterna.

Aun así, mi impresión al visitar el parque natural en 2025, de la mano de la artista e investigadora Eliza Patrascu, no fue de una naturaleza en clausura. El espacio es demasiado posindustrial, demasiado urbano, como para sostener cualquier fantasía bucólica. Incluso en la zona más frondosa, el dique de hormigón, los edificios y las chimeneas que bordean el parque son siempre visibles. El rumor del tráfico tampoco deja nunca de estar presente. Las viviendas autoconstruidas que antaño se camuflaban en el cañaveral están ahora del otro lado del dique, a unos pocos metros de la zona protegida. Por todo ello, diría que lo que hace relevante a Văcăreşti para el argumento que he ido construyendo no es solamente lo que fue y ha dejado de ser, sino cómo esta trayectoria sigue condicionando su existencia. Văcăreşti no es un parque natural al uso; yo lo describiría, más bien, como un singular paréntesis urbano: un pequeño delta artificial, posnatural, con plantas que brotan inexplicablemente del cemento, con una exuberante vida aviaria que podemos apreciar desde las torres de observación erigidas sobre los restos de la antigua cárcel, con preciosos sauces llorones plantados sin permiso por uno de sus antiguos habitantes. Un espacio, también, utilizado para hacer ejercicio, para la botánica, para tomar fotos o, simplemente, pasear.

El caso de Văcăreşti nos invita a pensar en la diferencia entre lo que se entiende por la gestión de la protección y lo que cabría imaginar como una administración de la suspensión. A la lógica espacial de la frontera y la defensa de la naturaleza cabría, quizás, contraponer una sensibilidad basada en la porosidad y la hospitalidad con lo imprevisto. Como enseguida veremos, hay al menos un ejemplo que va en esta dirección.

Notas

[1] Tabet, Jad, "Le projet de Foire Internationale d'Oscar Niemeyer à Tripoli, Liban (1968-1974)", en *Suspended Spaces #2: Une expérience collective*, Blackjack éditions, París, 2012, págs. 22-27.

[2] Lahoud, Adrian, "Architecture, the City and Its Scale: Oscar Niemeyer in Tripoli, Lebanon", *The Journal of Architecture*, vol. 18, núm. 6, 2013, págs. 809-834, doi.org/10.1080/13602365.2013.856931.

[3] Aunque Brasil no era miembro de la organización, tenía el estatus de "país observador".

[4] Véase Larkin, Brian, "The Politics and Poetics of Infrastructure", *Annual Review of Anthropology*, vol. 42, núm. 1, 2013, págs. 327-343, doi.org/10.1146/annurev-anthro-092412-155522.

[5] Al Baba, Rana A., "Tripoli International Fair Between Out-of-Place/In-Place: A Utopian Nonbeing. Emerging Voices: A Dialogue with Niemeyer", tesis de máster, Notre Dame University-Louaize, Zouk Mosbeh, 2018.

[6] Dinhut, Charlène, "Suspended, Spaces, Suspended Spaces", en *Suspended Spaces #2*, *op. cit.*, págs. 116-121.

[7] Coblence, Françoise, "Anamnèses", en *Suspended Spaces #1*, Blackjack éditions, París, 2011, págs. 156-165.

[8] Koselleck, Reinhart, *Futures Past: On the Semantics of Historical Time*, Columbia University Press, Nueva York, 2004.

[9] Parfait, Françoise, "Une expérience de décentrement", en *Suspended Spaces #1*, *op. cit.*, págs. 166-175.

[10] Clément, Gilles, *Manifeste du Tiers paysage*, Sujet/Objetc, París, 2004 (versión castellana: *Manifiesto del Tercer paisaje*, Editorial Gustavo Gili, Barcelona, 2018).

[11] Ibíd., pág. 60.

¹² Cotoi, Calin, "We Should Have Asked What Year We Were In! Wastelands and Wilderness in the Văcărești Park", *Antipode*, vol. 53, núm. 4, 2021, págs. 975-994, doi.org/10.1111/anti.12715.

¹³ Anastasiu, Paulina *et al.*, "Nature Reclaiming Its Territory in Urban Areas. Case Study: Văcărești Nature Park, Bucharest, Romania", *Acta Horti Botanici Bucurestiensis*, núm. 44, 2017, págs. 71-99.

¹⁴ El documental de Acasă, *My Home* (2020), de Radu Ciorniciuc, aborda, justamente, los avatares del Parque Natural de Văcărești y el desalojo de una familia que había vivido allí casi veinte años.

Adoptar la suspensión

Como tantas otras zonas del litoral mediterráneo español, La Pletera (Costa Brava, Girona) fue recalificada como zona urbanizable durante el franquismo, en un período de expansión inmobiliaria en el que el valor de cambio del suelo (o, más precisamente, la especulación con dicho valor) se antepuso a cualquier consideración medioambiental. Este humedal o marisma situado entre la localidad de L'Estartit y la desembocadura del río Ter había de convertirse en el "Montecarlo" municipal, aunque no fue hasta 1986, ya bajo el régimen urbanístico de la democracia, cuando el proceso de construcción comenzó como tal, de la mano de la promotora Kepro.[1] El proyecto consistía en una gran urbanización de lujo en primera línea de playa, con capacidad para unos tres mil residentes. Se parcelaron seis grandes manzanas —elevadas sobre el nivel del mar mediante el vertido de toneladas de escombros— con sus calles, aceras, farolas y un paseo marítimo de casi un kilómetro de largo. La promoción inmobiliaria, sin embargo, tuvo un éxito escaso y solo llegó a completarse la primera manzana, dotada de unas setenta viviendas unifamiliares y piscina comunitaria.

Este espacio inacabado, pero, al menos potencialmente, reactivable —es decir, "suspendido"—, se fue con el tiempo convirtiendo en objeto de apropiaciones múltiples. Àgata Colomer y Xavier Quintana[2] hablan de un no lugar en el que pasear, montar en bicicleta, aprender a conducir, encontrar cierta soledad, soltar al perro, verter residuos, llevar a cabo pequeños robos… Martí Peran describe un espacio ambiguo: "Durante este período, La Pletera no era gran cosa y, por eso mismo, fue también un territorio muy prolífico para usos desbocados que reunían los bañistas con los mendigos, y los amantes furtivos con los patos blancos".[3]

Como ya hemos visto, esta proliferación de usos más o menos informales, más o menos subrepticios, no es ajena a los espacios suspendidos. La ausencia de una finalización que delimite los usos autorizados más tajantemente abre la puerta a formas varias de reinterpretación de las capacidades del espacio. Lo interesante en el caso de La Pletera, con relación al argumento que he ido construyendo, es cómo la "resolución" de su estado no consistió en una supuesta restitución de la naturaleza ni en el borrado de la trayectoria urbanística interrumpida, sino que, por el contrario, adoptó esta última como lenguaje vinculante.

A finales de la década de 1990 el Ayuntamiento de Torroella de Montgrí empezó a trabajar en un nuevo plan general orientado a la protección del sistema litoral como recurso y patrimonio, apoyándose para ello en la cobertura de la nueva Ley de Costas, que permitía ampliar el dominio público marítimo terrestre. Después de muchas tribulaciones, la aprobación definitiva del plan en 2002 supuso la "desclasificación" de la urbanización a medio construir (exceptuando la manzana ya existente), es decir, su reclasificación como zona natural protegida no urbanizable. La Pletera entraba así a formar parte del "dominio público": inalienable, imprescriptible e inembargable, según su definición constitucional.[4] Los promotores-propietarios, por su lado, perdían definitivamente los derechos urbanísticos adquiridos con anterioridad.

Este marco legal sentó las bases para la desurbanización de la zona, llevada a cabo con financiación en su mayor parte europea a través del proyecto Life Pletera (2014-2018). Los aspectos medioambientales de la desurbanización han sido ampliamente discutidos; se trata de un proyecto ejemplar de recuperación (o, mejor dicho, "recreación") de la banda de marisma, el cordón dunar y el sistema de lagunas, con rápidos efectos positivos en la flora y fauna locales. Me interesa especialmente subrayar cómo entre los criterios de actuación se planteó la necesidad de aceptar la "irreversibilidad de los procesos ecológicos" y, por ello, la falta de sentido que tendría tratar de reproducir la morfología "original" de la zona. Se apostó, por el contrario, por:

Diseñar una nueva distribución topográfica que recuerde en el futuro la existencia de un proceso de urbanización inacabado… Nuestro objetivo no es reproducir una marisma virgen como si nunca hubiera estado alterada y destruida, sino recordar que hubo un proceso de urbanización fallido… Partiendo de esta idea, las lagunas coinciden con el trazado de las calles y los pasos, y las viejas rotondas son ahora separaciones entre masas de agua permanente. Uno de los antiguos transformadores eléctricos ha sido, asimismo, adaptado como escondite para la observación de aves.[5]

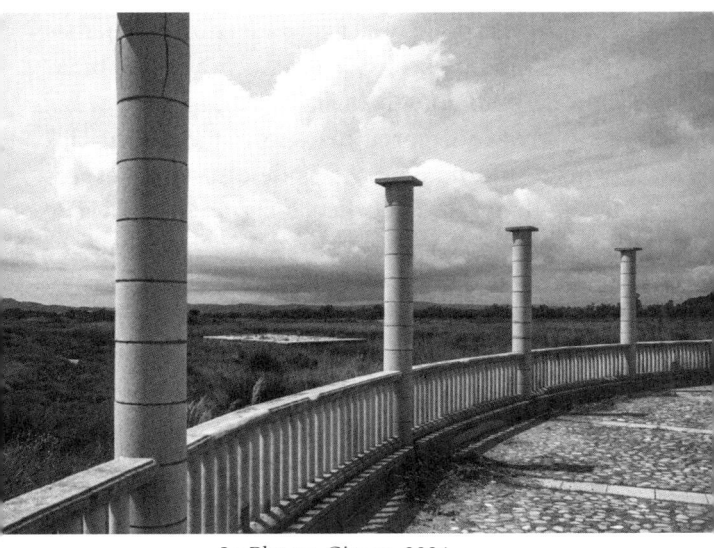

La Pletera, Girona, 2024

Mi primera impresión al visitar La Pletera, en mayo de 2024, fue, justamente, la de haberme topado con el truncamiento de un proceso de urbanización. Aparcamos en una calle perpendicular a la costa, que actuaba como frontera entre lo construido (viviendas unifamiliares, a nuestra izquierda) y lo desurbanizado (la marisma, a nuestra derecha). La calle terminaba en una inevitable rotonda, en la que se cruzaba con el extremo del paseo marítimo. El vértice resultante, ligeramente elevado sobre el nivel del suelo y provisto de una peculiar columnata sin arquitrabe, se había convertido en una suerte de mirador desde el que apreciar el espacio desurbanizado: dunas y hierbas para el ojo no entrenado, una delicada combinación de limonio, salicornia, junco, barrón, oruga de mar, estaquis marítima y correhuela, según los paneles informativos. Lejos de ofrecer un espectáculo "natural" o bucólico, mi impresión era la de estar frente a un espacio marcado por la ausencia de aquello que lo rodeaba: casas, calles, coches, farolas, etc. Dicho de otro modo, tenía carácter de interrupción: esa trayectoria urbanizante que, por ubicua, en condiciones normales quizás fuera percibida como inevitable aparecía aquí palpablemente abortada, truncada.

El paseo por el perímetro de la zona desurbanizada (a la cual no se permite la entrada entre los meses de mayo y octubre) evidenciaba la animada vida social de este espacio en día festivo: el incesante trinar de las aves acompañaba el tránsito relajado de paseantes, perros, ciclistas y fotógrafos. Pero la sensación no era en ningún caso la de haber dejado atrás la civilización para adentrarse en la naturaleza, sino estar bordeando un llamativo paréntesis urbanizador. El recurrente sonido de avionetas sobrevolando el espacio aéreo, las viviendas visibles en el horizonte en todo momento y los restos del trazado de las antiguas calles impedían cualquier atisbo de fantasía pastoral.

La desurbanización de La Platera incluyó también un programa artístico pensado para acompañar y prolongar la transformación física del humedal. El proyecto artístico *Lloc, memòria i salicòrnies*, comisariado por Martí Bosch y Martí Peran, generó un marco de intervenciones que entendían que deshacer el paisaje no consistía en la restauración de una naturaleza anterior e idílica, sino, por el contrario, una nueva capa de escritura y de intervención donde las ruinas de los futuros abandonados tenían un lugar.[6] En otras palabras, se trataba de trabajar con aquello que había quedado suspendido.

La obra *Forma 26 Pletera*, de Esteve Subirah, sintetiza especialmente bien esta sensibilidad. Se trata de un fragmento rectangular de 6 × 15 metros del pavimento del paseo marítimo desmantelado, 90 m², correspondiente a un 1 % del total de la urbanización proyectada. La desconstrucción del paseo y la recuperación de la cota anterior hizo que el fragmento se convirtiera en una pequeña isla de asfalto en medio de un terreno progresivamente tomado por la vegetación y las dunas. Peran lo describe como una suerte de "no monumento" que, en lugar de conmemorar, se nos presenta vacante para usos imprevisibles. Con la zona acordonada, mi impresión era más bien la de una reliquia-cicatriz, una señal de un "futuro pasado" pero no del todo irrelevante; un recordatorio

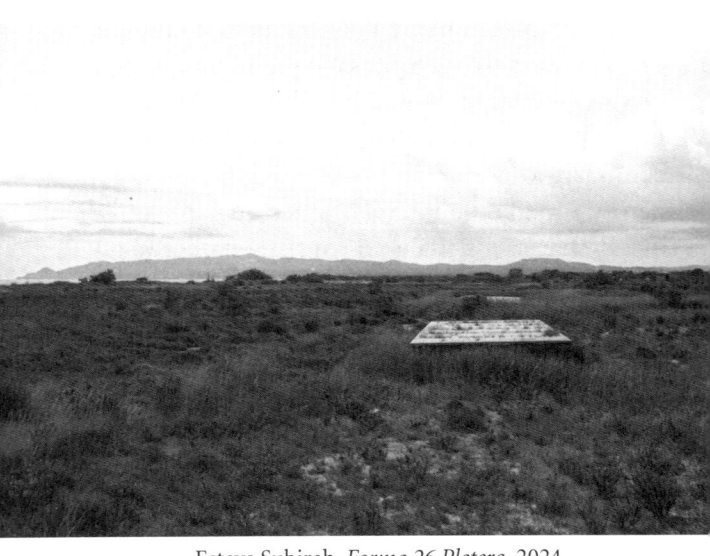

Esteve Subirah, *Forma 26 Pletera*, 2024

de lo que bien podía haber sido, un fragmento de calle que, desprovisto de su función original, remitía ahora al camino no tomado, a una trayectoria suspendida, pero al mismo tiempo cercana. Hecho de los mismos materiales que el lugar desde el que lo contemplamos, su parentesco era ineludible.

La desurbanización de La Pletera tiene elementos de gran interés para el estudio del espacio suspendido. El truncamiento del proceso urbanizador, aun accidental, acabó siendo parte del vocabulario de la nueva planificación del área, que incorporó la interrupción como parte de su estrategia propositiva. Es como si este espacio, tras haber *quedado* en suspensión con el fracaso de la urbanización, hubiera sido *mantenido* en suspensión con el desarrollo del proyecto Life Pletera. Hasta cierto punto al menos, este último adoptaba la gramática de lo inacabado y abrazaba la indeterminación como razón de ser. Aunque la gestión posterior de La Pletera como parte del Parque Natural del Montgrí, les Illes Medes i el Baix Ter haya asumido una retórica y una aproximación mucho más tradicional, basada en la protección, la conservación y el "control de especies exóticas invasoras",[7] el espacio como tal, en mi opinión, es más que una reserva natural; la experiencia sensorial del mismo, como escribía antes, remite inevitablemente a la suspensión de un proyecto de urbanización (y con ella, al truncamiento de un modo de especulación y acumulación que domina el litoral). Como escribió Anne McCarthy a propósito de la suspensión en la poesía de Thomas de Quincey, "no es la ausencia de actividad lo que una siente, sino una abrumadora sensación de interrupción y posibilidad, de pender entre la resistencia y la rendición".[8]

Notas

[1] Pié, Ricard *et al.*, "'Salvem La Pletera!'. Crònica d'un impossible", en Sala i Martí, Pere; Puigbert, Laura y Bretcha, Gemma (eds.), *(Des)fer paisatges*, Observatori del Paisatge de Catalunya, Barcelona, 2018, pág. 102.

[2] Colomer, Àgata y Quintana, Xavier, "De La Pletera urbanitzada a La Pletera desurbanitzada", en ibíd., págs. 119-135.

[3] Peran, Martí, "El projecte artístic *Lloc, memòria i salicòrnies*", en ibíd., pág. 137.

[4] Constitución española, art. 132.

[5] Colomer, Àgata y Quintana, Xavier, *op. cit.*, pág. 133.

[6] Peran, Martí, *op. cit.*

[7] Pou i Rovira, Quim y Ramos López, Santi, *Life Pletera: desurbanización y recuperación de la funcionalidad ecológica en los sistemas costeros de La Pletera. Plan de conservación After-Life. Acción F2*, Parc Natural del Montgrí, les Illes Medes i el Baix Ter, Torroella de Montgrí, 2019.

[8] McCarthy, Anne C., *Awful Parenthesis: Suspension and the Sublime in Romantic and Victorian Poetry*, University of Toronto Press, Toronto, 2018, pág. 4.

Coda

El conjunto de espacios suspendidos explorados a lo largo de este texto nos muestra la multiplicidad de formas materiales, afectivas y de vida social desplegadas alrededor de la suspensión. Hemos transitado por la anticipación, la promesa, la amenaza, el desencanto, la ironía, la esperanza, la espera, la contención o la evocación. Allí donde la trayectoria planeada quedó interrumpida proliferaron multiplicidades temporales, redistribuciones materiales, despliegues y repliegues afectivos y formas varias de apropiación y reapropiación espacial. Lejos de una mera interrupción, por tanto, la suspensión se nos presenta como un estado de contingencia y posibilidad; una condición, no obstante, frágil, en cuanto que depende en gran medida de la ausencia de resolución. Tal es la tensionada constitución del espacio suspendido: a la vez sometido y sostenido por un precario equilibrio de fuerzas. Añade Lauren M. Cramer: "No hay nada ingrávido o inmaterial en la suspensión... Hay una diferencia importante entre el efecto visual de la suspensión (ligereza, levedad) y el proceso que la crea (fuerza, presión)".[1] Dicho de otro modo, la impresión de parálisis que generan estos espacios oculta las múltiples fuerzas que los apuntalan: el recorrido trazado por el monumento a la Tolerancia, Bab-e-Pakistan, el estadio Kamariny, el *incompiuto siciliano*, la Feria Internacional de Trípoli, Varosha, el Parque Natural de Văcărești y La Pletera ha mostrado la complejidad y singularidad de estos entramados.

Por otra parte, los espacios suspendidos aquí estudiados constituyen pausas, paréntesis o truncamientos tanto de la temporalidad dominante (la teleología del progreso) como de las formas hegemónicas (es decir, capitalistas) de valorización del territorio. Aunque frágil y reversible, la suspensión pareciera en estos casos abrir un intervalo improductivo para el capital, una brecha o *glitch*[2] en los procesos de acumulación. En este sentido, quizás sea posible concebir la suspensión como una suerte de "elogio de la discontinuidad",[3] como la conquista de un espacio/tiempo desde el que apreciar la posibilidad de otras formas de producir y vivir el espacio construido. Para ello he tratado, justamente, de pausar en la pausa, de quedarme con la suspensión, de sostenerla para poder así examinarla detenidamente.[4] Mi análisis de la suspensión es, en definitiva, una invitación a pensar la incertidumbre en positivo, a abrazar la potencia (política y afectiva) de lo subjuntivo y lo incierto, de lo que pudiera suceder, pero es imposible prever…

Notas

[1] Cramer, Lauren M., "Icons of Catastrophe: Diagramming Blackness in *Until the Quiet Comes*", *Liquid Blackness*, vol. 4, núm. 7, 2017, págs. 144-145.

[2] La idea de la suspensión como *glitch* se la debo a Eliza Patrascu.

[3] Vilalta, Helena, "De la representación del trabajo al trabajo de representación. Manifestaciones contemporáneas del intervalo en películas de Sharon Lockhart, Rodney Graham y Manon de Boer", tesis de máster, Universitat Pompeu Fabra, Barcelona, 2011.

[4] Parafraseo, aquí, a Anne C. McCarthy, "Suspension", *Theorizing the Contemporary, Cultural Anthropology*, 24 de septiembre de 2015, pág. 23.

Origen de las ilustraciones

Págs. 32, 68, 77 y 80: fotografías de Isaac Marrero Guillamón; pág. 33: imagen de Juan Guerra; pág. 39: imagen de Amjad Mukhtar; pág. 41: fotografía de Chris Moffat; pág. 48: fotografía de Alterazioni Video; pág. 53: imagen de Scott Siqi Chen; pág. 59: fotografía de Wassim Naghi; pág. 60: fotografía de Manon Mollard; y pág. 64: fotografía de Trevor Warman.

Isaac Marrero Guillamón es profesor de Antropología en la Universitat de Barcelona. Fue, con anterioridad, profesor titular en Goldsmiths, University of London, e investigador posdoctoral en el Birkbeck College de Londres. Su trabajo explora la relación entre estética, activismo y futuros a través de controversias espaciales. Ha realizado investigación etnográfica sobre la transformación de antiguos barrios industriales en Barcelona (Poblenou) y Londres (Hackney Wick), y más recientemente en torno a la relación entre paisaje, indigeneidad y colonialidad en las islas Canarias. Sus proyectos se apoyan en la experimentación con dispositivos de investigación etnográficos, multimodales y colaborativos, que incluyen el cine, la fotografía, los acontecimientos públicos, los objetos textuales y las exposiciones.